U0359097

我身边的大自然 1

大家来大便

[日] 五味太郎 著　田秀娟 译

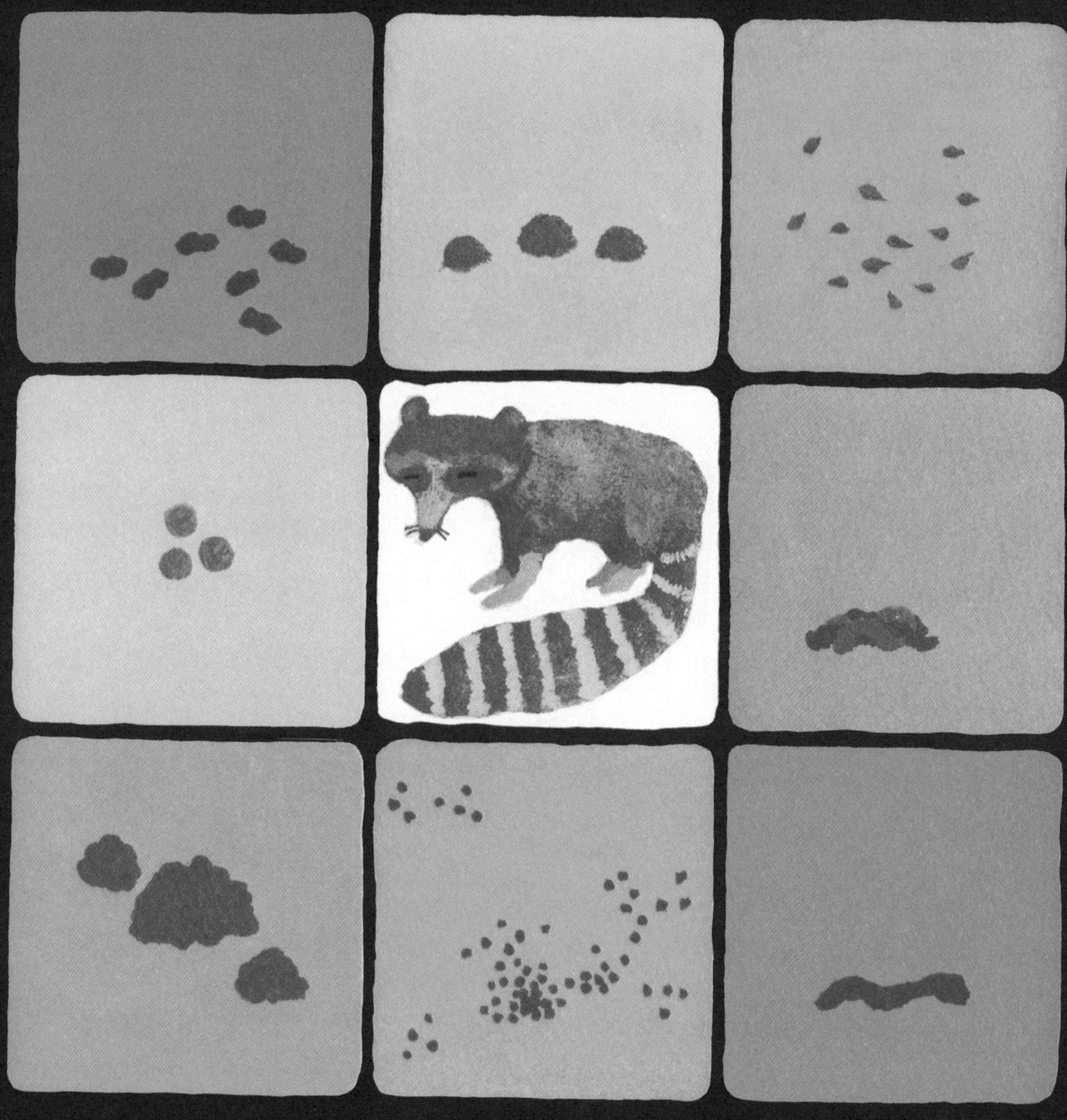

江苏凤凰少年儿童出版社

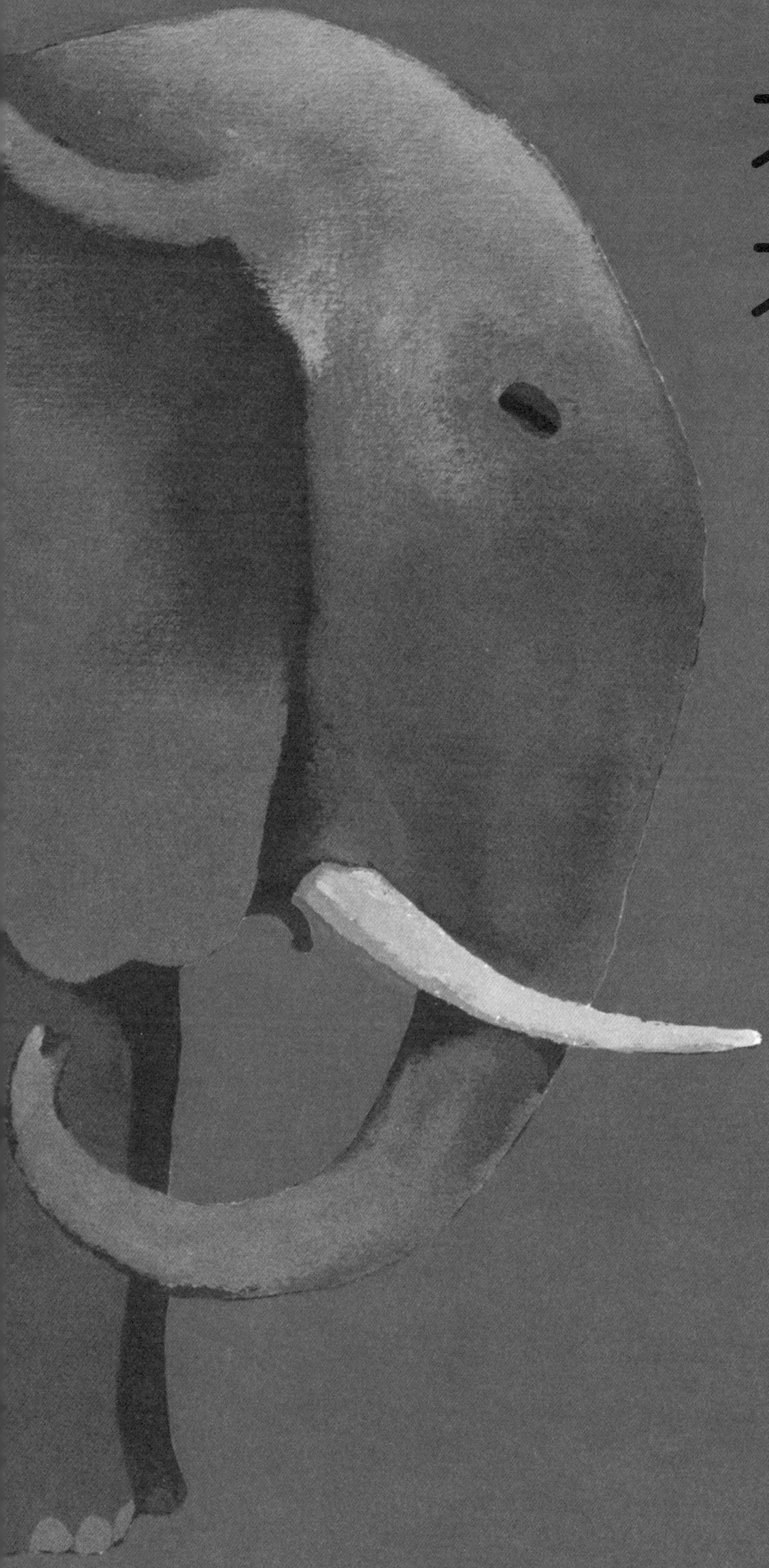

大大的大象，
大大的便便。

小小的老鼠，
小小的便便。

单峰驼的便便像一座山峰，

双峰驼的便便像两座山峰。

逗你玩呢！

鱼也要大便，

鸟也要大便，

虫子 也要大便。

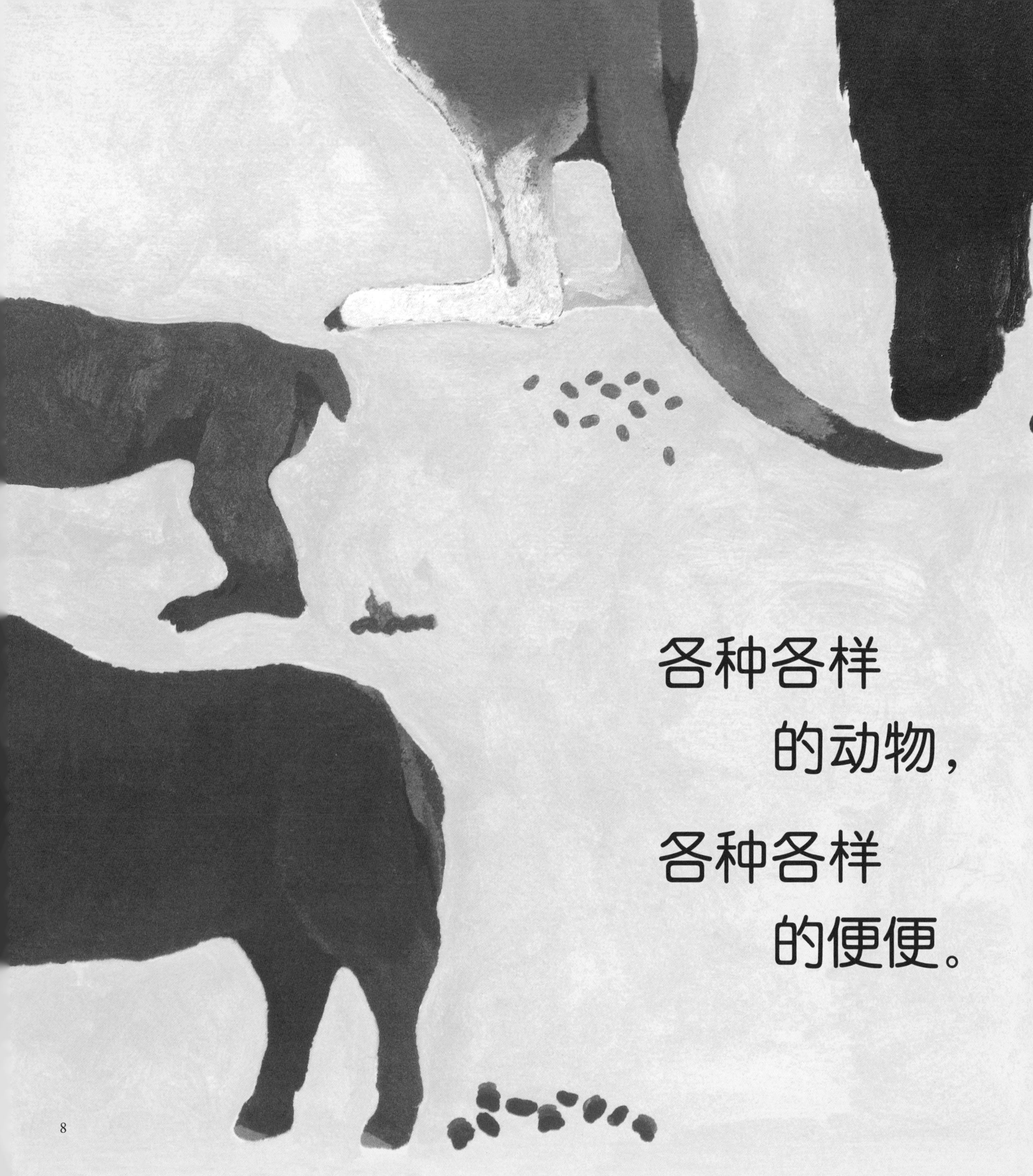

各种各样
的动物，
各种各样
的便便。

各种各样
的形状，
各种各样
的颜色，
各种各样
的气味。

蛇的屁股在哪里？

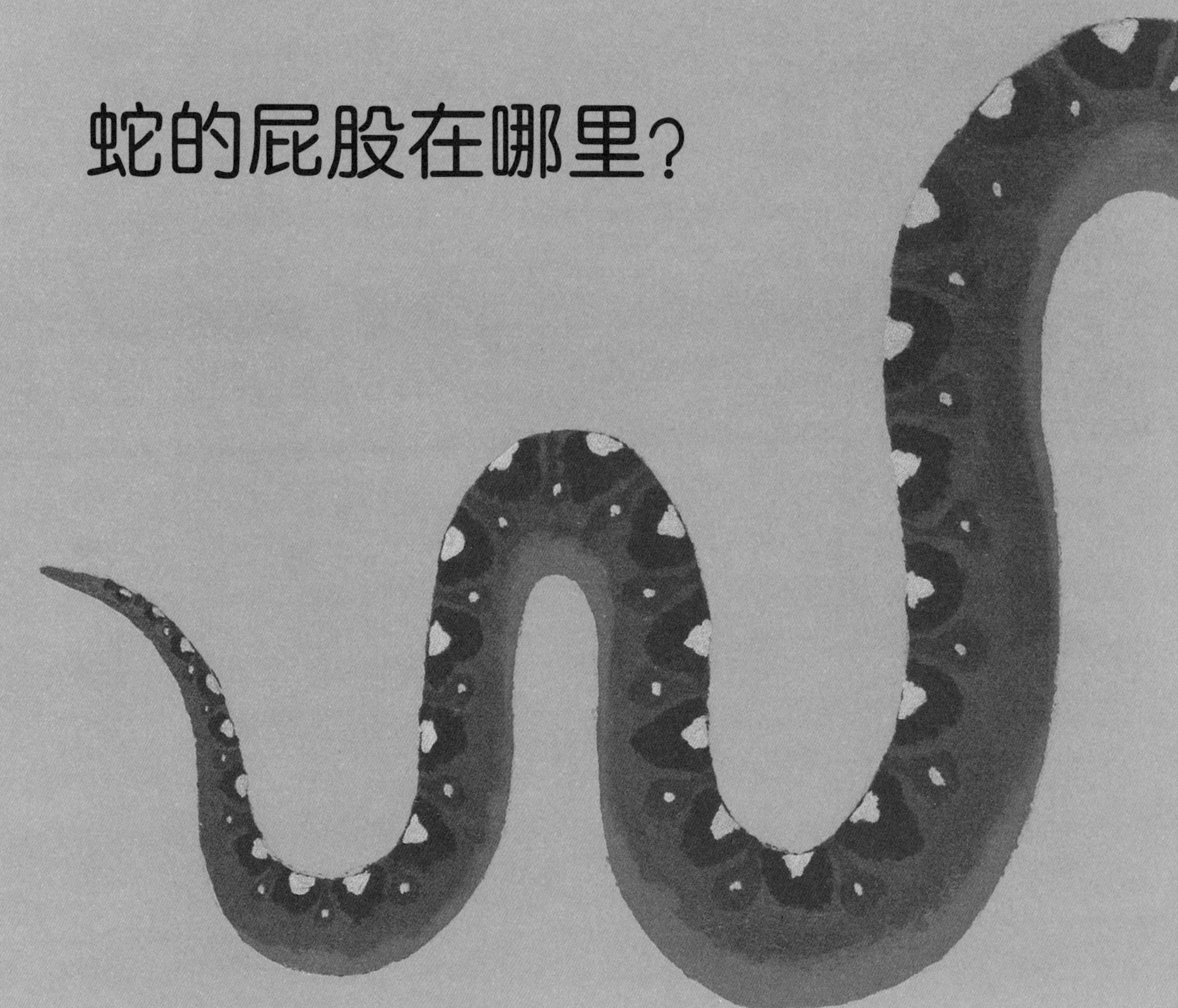

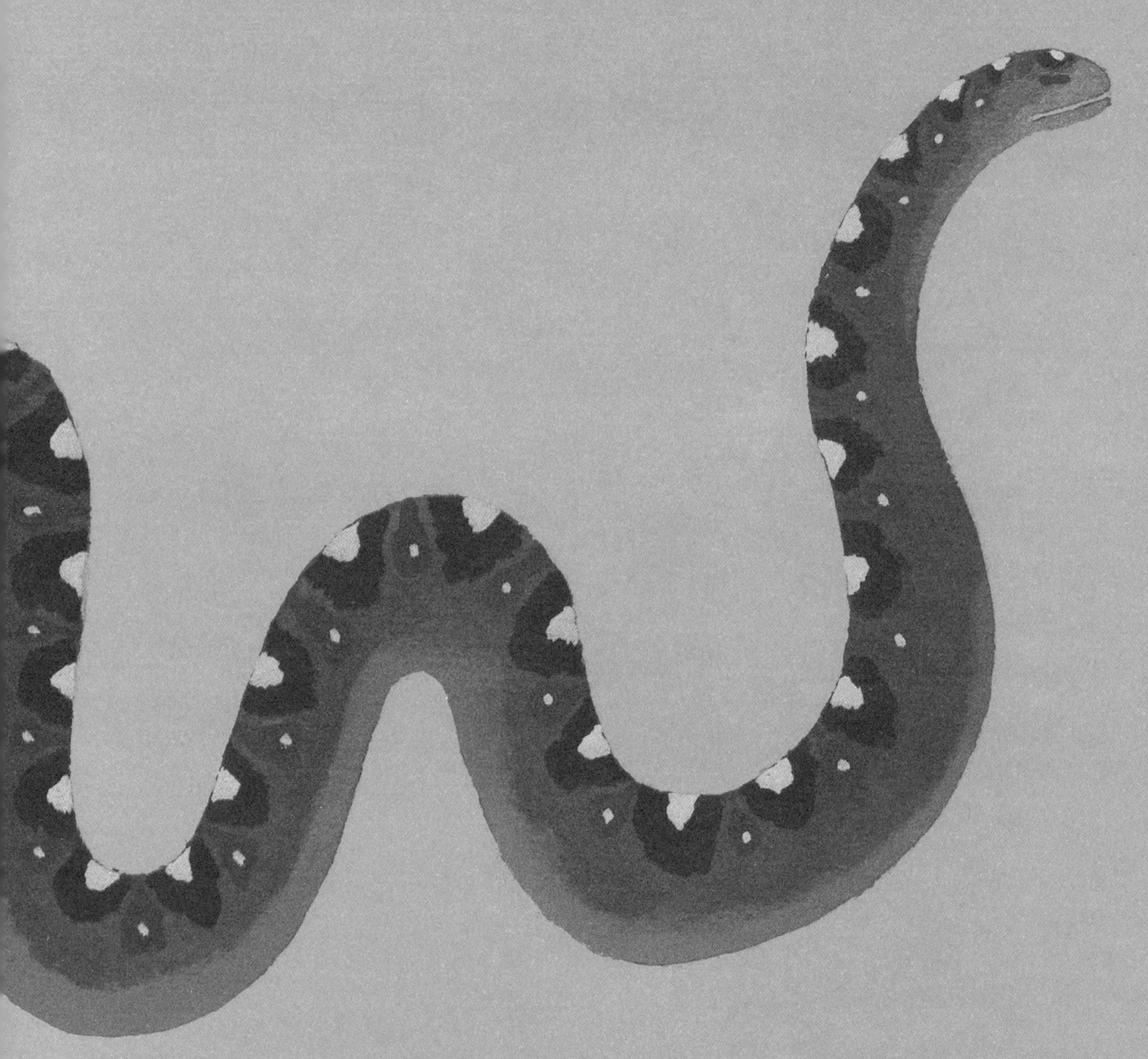

鲸鱼的便便

是什么样的？

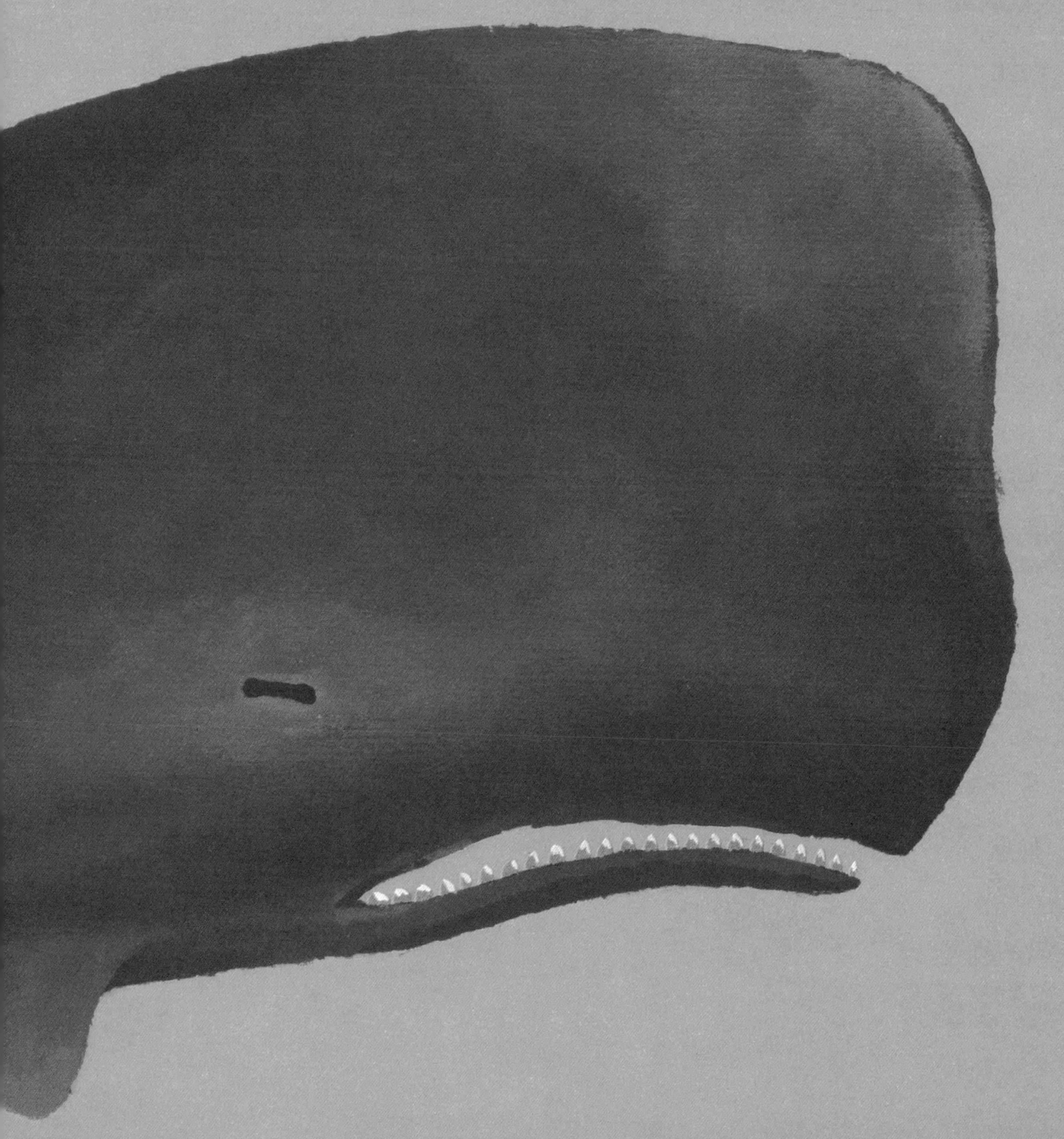

站定了大便，

一边走路一边大便。

到处大便，

在固定的
地方大便。

大人要大便，

小孩也要大便。

在马桶上大便，

在尿布上大便。

拉完便便若无其事，扭头就走。

拉完便便，还要收拾一下。

在水边大便，

在水里大便。

拉完便便，人会用卫生纸擦屁股，再用水把大便冲走……

大家都要

吃东西。

大家都要

拉便便。

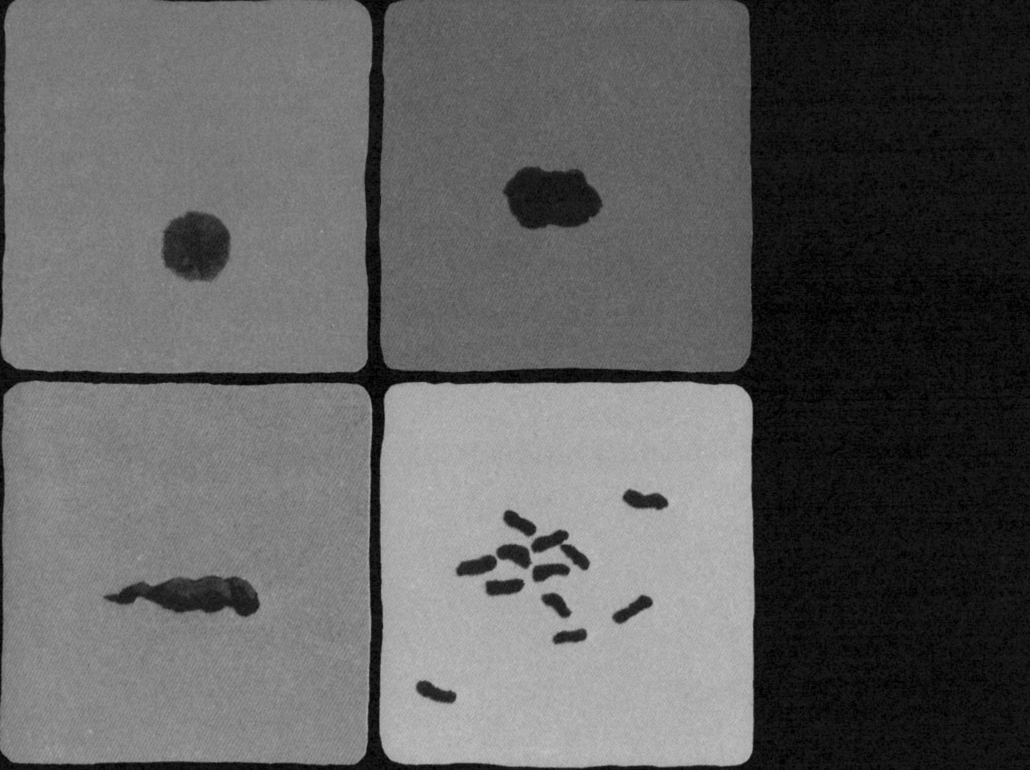

你知道吗？

大便是什么？

大便，其实就是食物残渣。人或动物吃东西后，营养被身体吸收，未消化的残渣经肠道细菌的发酵和腐败作用，变成大便排出体外。

动物的大便为什么会有各种各样的形状、颜色和气味呢？

我们仔细观察会发现，每种动物大便的形状、颜色和气味都不太一样。骆驼（不管是单峰驼还是双峰驼）的大便是浅褐色的圆球，鲸鱼的大便是褐色的稀泥状，蛇的通常是褐色或黑色的条状。

为什么会这样呢？原来，动物们吃的食物不同，消化功能各不一样，所以排出的大便的成分也有差别，自然就会有各种各样的形状、颜色和气味啦！此外，动物们大便的湿度也有差别。生活在森林里的野猪，大便含水分较多；而生活在沙漠里的骆驼，大便格外干燥。这是因为骆驼的肠道充分回收了大便里的水分，以适应缺水的环境。

大便都是又脏又臭吗？不一定哦。食草动物，比如马和大象的大便就没有明显的臭味，甚至还带有植物的清香。食肉动物，比如老虎和狮子的大便则非常臭。这是因为肉类富含的蛋白质会在肠道细菌的作用下分解，产生吲哚和粪臭素，这就是臭味的主要来源。我们人类前一天吃了很多肉，第二天大便就格外臭，也是同样的道理。

动物们是怎么大便的？

食肉动物和食草动物大便的方式也不太一样。为了避免站立不动时遭到敌人袭击，很多食草动物会一边走路一边大便。而且，这样大便会散落在各处，敌人就很难发现它们的住所。食肉动物没有这样的困扰，它们通常会在特定的地方大便，老虎等动物还会用自己的大便来宣告“这是我的地盘”。

河马在陆地上大便的时候，会疯狂地甩尾巴，把大便喷得到处都是，这是为什么？有研究称，公河马“甩便便”，是在威慑其他靠近自己领地的公河马，给自己划地盘呢。此外，河马在行进途中“甩便便”，是为了之后能循着自己大便的气味返回河里。

动物们的屁股在哪里？

蛇和鱼的屁股在哪里，它们是怎么大便的？其实，蛇、鱼等动物和小猫、小狗一样，身体上都有拉大便的孔，位置同样是在身体后部。下次见到鱼或蛇，可以观察一下。

怎么样？看上去脏兮兮、臭烘烘的大便里是不是藏着很多有意思的秘密？此外，大便还是身体状况的晴雨表。动物园的饲养员每天会观察动物大便的状态，来了解它们的身体情况。如果长时间没有大便，或者大便过稀、颜色异常，都可能是生病的征兆。我们人类也一样，比如吃了不干净的食物可能会腹泻。所以，小朋友们，我们每天都要好好吃饭、坚持锻炼，这样才能拉出健康、漂亮的大便！

图书在版编目（CIP）数据

大家来大便 /（日）五味太郎著；田秀娟译．—南京：江苏凤凰少年儿童出版社，2022.7
（我身边的大自然）
ISBN 978-7-5584-2611-7

Ⅰ．①大… Ⅱ．①五… ②田… Ⅲ．①动物－儿童读物 Ⅳ．①Q95-49

中国版本图书馆 CIP 数据核字（2022）第 008353 号

著作权合同登记号　图字：10-2021-533

我身边的大自然
大家来大便
DAJIA LAI DABIAN

著　　者　[日] 五味太郎
译　　者　田秀娟
责任编辑　瞿清源　代　照
助理编辑　朱其娣
特约编辑　屈佳颖　黄　锐
美术编辑　徐　蕊
内文制作　田小波
责任校对　秦显伟
责任印制　万　坤
出版发行　江苏凤凰少年儿童出版社
地　　址　南京市湖南路 1 号 A 楼，邮编：210009
印　　刷　北京奇良海德印刷股份有限公司
开　　本　940 毫米 ×1092 毫米　1/16
印　　张　2
版　　次　2022 年 7 月第 1 版
印　　次　2022 年 7 月第 1 次印刷
书　　号　ISBN 978-7-5584-2611-7
定　　价　208.00 元（全 8 册）

（如有印装质量问题，请发邮件至 zhiliang@readinglife.com）

我身边的大自然 ❷

紫花地丁和蚂蚁

［日］矢间芳子 著　李奕 译

江苏凤凰少年儿童出版社

春天，小路边开满了各种各样的花。
那棵开着紫色小花的就是紫花地丁。

再往前走几步……

咦，水泥地的裂缝里，

竟然也有盛开的紫花地丁。

怎么会长在这里呢？

在石墙的缝隙里，也能找到盛开的紫花地丁。
它怎么能长在这么高的地方呢?

又过了几天，
路旁的紫花地丁开得更盛了。
昆虫们被花吸引了过来。

一只蜜蜂落到了花朵上。
它把脑袋探到花瓣里，
将长长的嘴伸到花蕊深处。

接下来，我们从侧面看看紫花地丁的花吧。
花朵的后部有一个小袋子，里面装着花蜜。
原来，蜜蜂是在用它长长的嘴吮吸袋子里的花蜜。
紫花地丁和蜜蜂真是一对好伙伴。

花谢以后，
紫花地丁结出了蒴果。

一开始，蒴果是朝向地面的；
接着，它会把头稍微抬起来一点，
渐渐地朝向天空。

最后，蒴果朝着太阳的方向，
爆裂成三瓣，
每一瓣里都躺着三排花籽儿。

在一个干爽晴朗的日子里，
花籽儿“噗嗤噗嗤”地弹了出来。
原来，蒴果改变朝向，就是为了把花籽儿弹向阳光充足的地方。
伴着这轻轻的响声，花籽儿们纷纷飞了出去。

飞出去的花籽儿落到了地上。

看，蚂蚁过来了！
蚂蚁发现了花籽儿，
它们会做什么呢？

蚂蚁开始搬运花籽儿。

每颗花籽儿上都有一个白色的小硬块。

蚂蚁用嘴衔着这个硬块，把花籽儿搬走。

哎呀，怎么有只蚂蚁把花籽儿给丢下啦？

哦，原来花籽儿脱落了，可它还紧紧咬着那个硬块往前走呢。

嗨哟——嗨哟——

蚂蚁们干劲十足地工作着。

有的在搬运整颗花籽儿，

有的只搬运白色硬块。

搬啊、搬啊，终于搬到了洞口，
接着，再往蚁穴里运。

这边，也有蚂蚁在忙着搬运花籽儿呢。
咦？还有蚂蚁把花籽儿运出蚁穴，
扔在了外面。
原来，那个白色硬块才是蚂蚁的最爱。

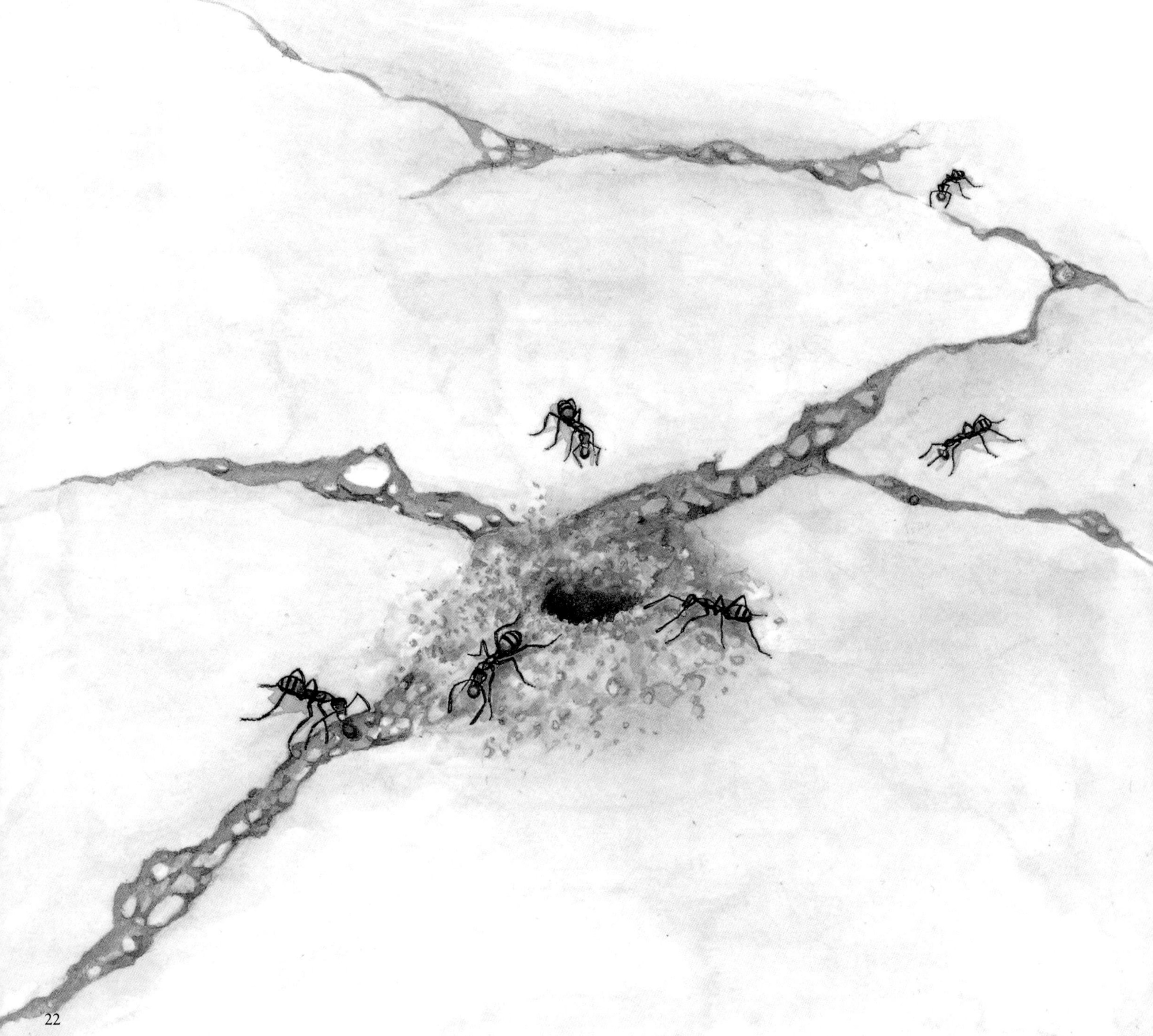

还有些蚂蚁爬上了高高的石墙。
它们嘴里还衔着紫花地丁的花籽儿呢。
它们小心翼翼地搬运着，
生怕花籽儿掉了。

这附近肯定有个蚁穴。

春天快要过去了，夏天即将来临。
那棵紫花地丁长出了茂密的叶片。
快看，它散播在四处的花籽儿开始发芽了。
新芽虽然很小，但也会长成紫花地丁哟。

在离紫花地丁妈妈很远的地方，
也有幼苗破土而出。

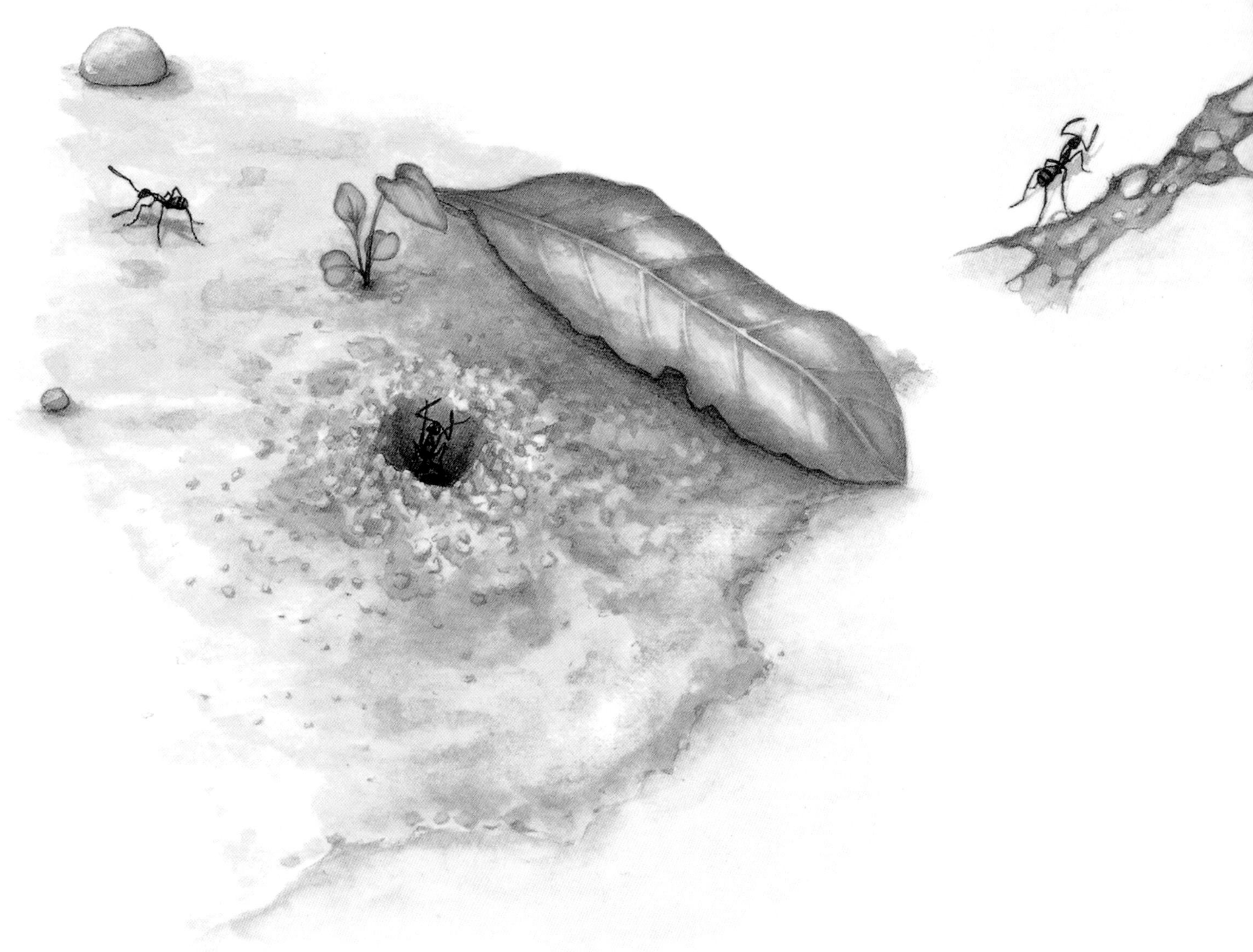

还有些嫩芽，竟然从
高高的石墙缝隙里长了出来！

蚂蚁爬过的
水泥地的裂缝里，
也有小芽冒出了头。

紫花地丁只能把花籽儿弹到附近，
但蚂蚁能帮它搬运到远处。
于是，紫花地丁的新芽便在很多地方长了出来。
蚂蚁在获得美食的同时，
也帮助了紫花地丁的繁衍，
紫花地丁与蚂蚁真是一对好朋友啊！

你知道吗？

很多种植物（如封底的堇菜、紫花堇菜、小堇菜和东北堇菜）都被人们笼统地叫作“紫花地丁”，其实它们并不是同一种植物，只不过都属于“堇菜科堇菜属”这个大家族。狭义上的“紫花地丁”，指的是这个家族中名叫“光瓣堇菜”的一种花。书中的“紫花地丁”，就是光瓣堇菜。下面，我们来讲一讲关于它的小知识吧。

紫花地丁又名“铧头草”，是一种生命力很强的植物，除了青藏高原等气候较为严酷的地区，在中国各地均有分布。它喜欢半阴环境、温暖的天气和湿润的土壤，不过它的适应性很强，在阳光充足和较干燥的地方也能生长。每年四月到六月，在草坪、路旁和田间，都能看见它紫色的花朵。花谢以后，它会结出裂成三瓣的蒴果，里面藏满了黄棕色的球形种子。无论花开还是花谢，它的茎和叶子常年保持着碧绿的颜色，直到初冬才会枯萎。在这之后，地下的根还保有惊人的活力，当第二年春暖花开时，又会长成一棵新的紫花地丁。

紫花地丁虽不起眼，用处可不小。它生命力强、外形漂亮，所以常被种植在绿化区中。它的叶子可以制成青绿色染料。

看完这本书，大家印象最深刻的一定是紫花地丁与蜜蜂、蚂蚁的友谊。蜜蜂采集紫花地丁的花蜜，主要是为了给蜂巢中的雄蜂和蜂王提供食物；而蚂蚁喜欢搬运紫花地丁的种子，则是因为种子上含油的白色硬块可以作为食物。不过紫花地丁并不是单向付出，在为蜜蜂和蚂蚁提供美味的同时，自己也得到了报偿：蚂蚁帮它把种子搬到了很远的地方，蜜蜂则不知不觉地为它传播了花粉——在吸食花蜜的同时，蜜蜂的身上和腿上也会蹭到很多花粉，当它飞往下一朵花采蜜时，就把花粉带到了花里，无形中帮助紫花地丁完成了花粉传播。生物之间这种互相帮助、互利互惠的关系，叫作“互利共生”。在奇妙的大自然里，很多生物之间都保持着这样默契的关系呢。

图书在版编目（C I P）数据

紫花地丁和蚂蚁 /（日）矢间芳子著 ； 李奕译 . --
南京 ： 江苏凤凰少年儿童出版社 , 2022.7
（我身边的大自然）
ISBN 978-7-5584-2611-7

Ⅰ . ①紫… Ⅱ . ①矢… ②李… Ⅲ . ①紫花地丁一儿
童读物 Ⅳ . ① R282.71-49

中国版本图书馆 CIP 数据核字（2022）第 008372 号

著作权合同登记号　图字：10—2021—533

我身边的大自然
紫花地丁和蚂蚁
ZIHUADIDING HE MAYI

著　　者　[日]矢间芳子
译　　者　李　奕
责任编辑　瞿清源　代　照
助理编辑　朱其娣
特约编辑　屈佳颖　黄　锐
美术编辑　徐　蕊
内文制作　田小波
责任校对　秦显伟
责任印制　万　坤
出版发行　江苏凤凰少年儿童出版社
地　　址　南京市湖南路 1 号 A 楼，邮编：210009
印　　刷　北京奇良海德印刷股份有限公司
开　　本　940 毫米 ×1092 毫米　1/16
印　　张　2
版　　次　2022 年 7 月第 1 版
印　　次　2022 年 7 月第 1 次印刷
书　　号　ISBN 978-7-5584-2611-7
定　　价　208.00 元（全 8 册）

（如有印装质量问题，请发邮件至 zhiliang@readinglife.com）

你见过树林里落满橡子的情景吗？

北方的橡树林，

有的年份会结出很多很多的橡子。

但到了第二年，就只结出很少很少的橡子。

结出很多橡子的年份叫“丰收年”，也叫“大年”。

只结很少橡子的年份叫“歉收年”，也叫“小年”。

大年过后就是小年，

大年小年交替出现。

为什么会这样呢？

我来给你讲个故事吧。

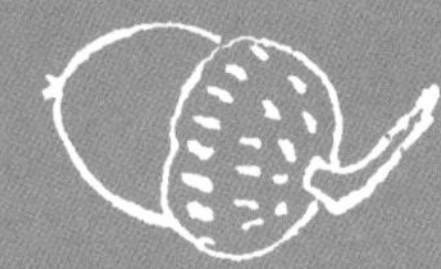

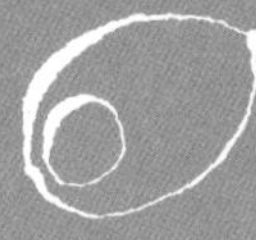

我身边的大自然 3
橡树开大会
[日] 绀屋晋 著 [日] 片山健 绘 田秀娟 译
江苏凤凰少年儿童出版社

很久很久以前，每当秋天到来时，
北方的橡树林里就落满了橡子。
很多很多年一直如此。

每当这时，森林里的动物们就纷纷跑来，高高兴兴地捡橡子吃。
橡树们也高高兴兴地看着它们吃。
橡子被吃掉，橡树们怎么还这么高兴呢？
原来，动物们最喜欢吃橡子，吃饱以后……

就在森林里到处挖洞，把剩下的橡子埋起来。

等冬天找不到食物时，再把埋好的橡子挖出来吃掉。

可是，动物们太贪心啦，埋起来的橡子太多了，根本吃不完。

到了春天，那些没被吃掉的橡子就发芽了……

发芽的橡子卖力地长啊长，长成了小橡树。

也就是说，动物们虽然吃掉了很多橡子，却也帮橡树播下了种子。

不过，这件事动物们自己并不知道。

现在，你知道为什么橡树们喜欢让动物们吃橡子了吧。

一开始，橡树们和动物们相处得很好。
后来，不知为什么，无论橡树们落下多少橡子，都会被动物们吃个精光。
于是，春天来临时，就没有新的小橡树长出来了。
有一天，橡树们突然发现，森林里全是上了年纪的老橡树。

原来，橡子多的时候，动物们都吃得很饱，长得很强壮。到了春天，它们就生下了许多宝宝。动物的数量越来越多，那些被埋在地下，为冬天储备的橡子就被吃得一粒都不剩。橡树们苦恼极了。一天晚上，他们召开了一次会议。

“再这样下去，我们的年纪越来越大，橡树林可就完了！”

“是啊，怎么才能让小橡树们出生、长大呢？”

“以前都是动物们帮我们埋下橡子，它们吃不完的橡子会长成小橡树。可是现在……”

橡树们开了整整一夜的会，也没想出什么好办法。

“看来，我们只能长出更多的橡子，让动物们怎么吃都吃不完！”

“好吧，只能这么办了。大家再加把劲吧！”

就这样，橡树们的第一次会议结束了。

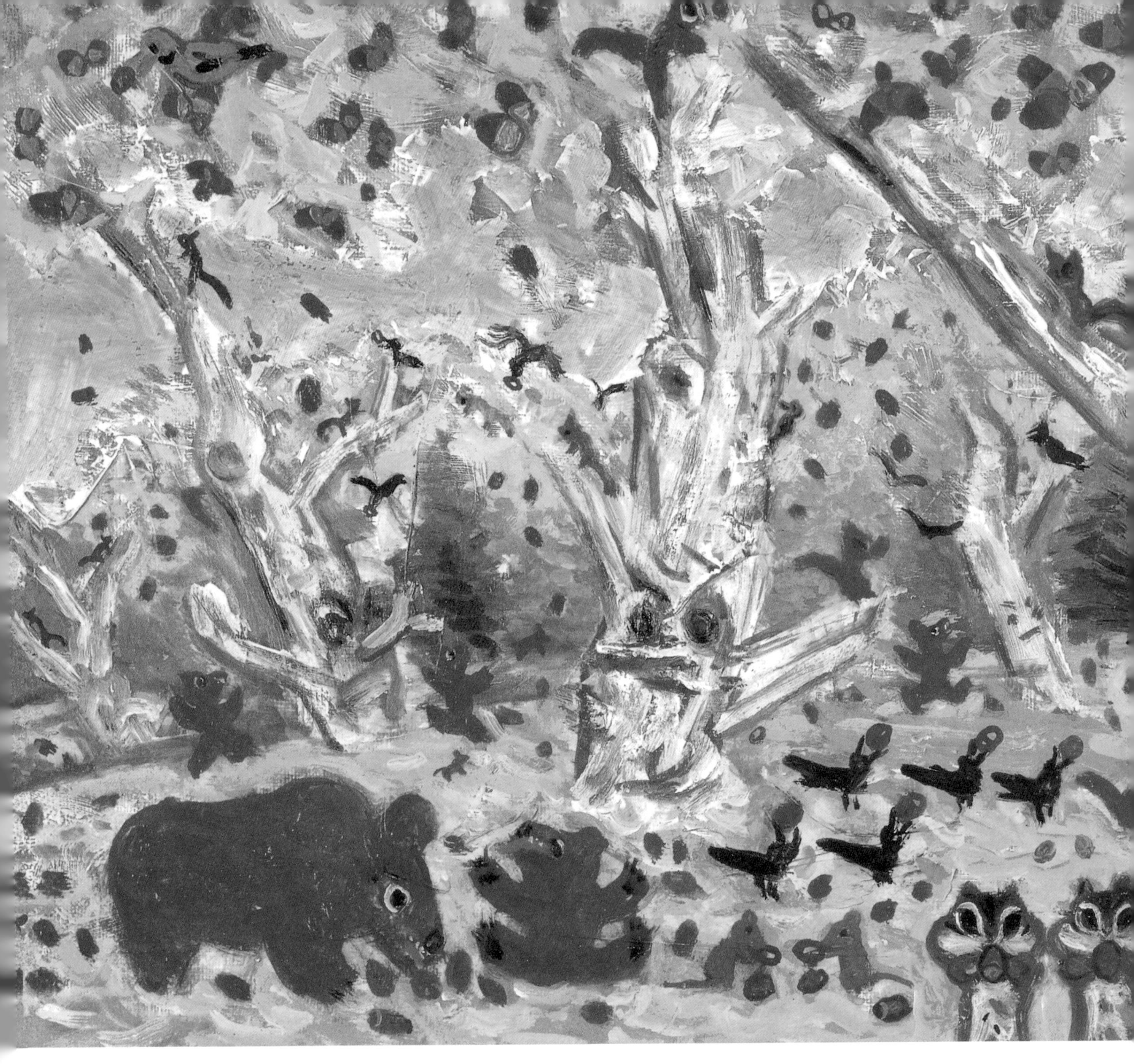

那年秋天，上了年纪的橡树们拼命地长啊长啊，
结出了好多好多橡子。地上从没落过这么多橡子。
像往年一样，动物们高兴地跑过来，个个吃得肚子滚瓜溜圆。
然后，它们在地里埋下好多橡子，准备过冬。

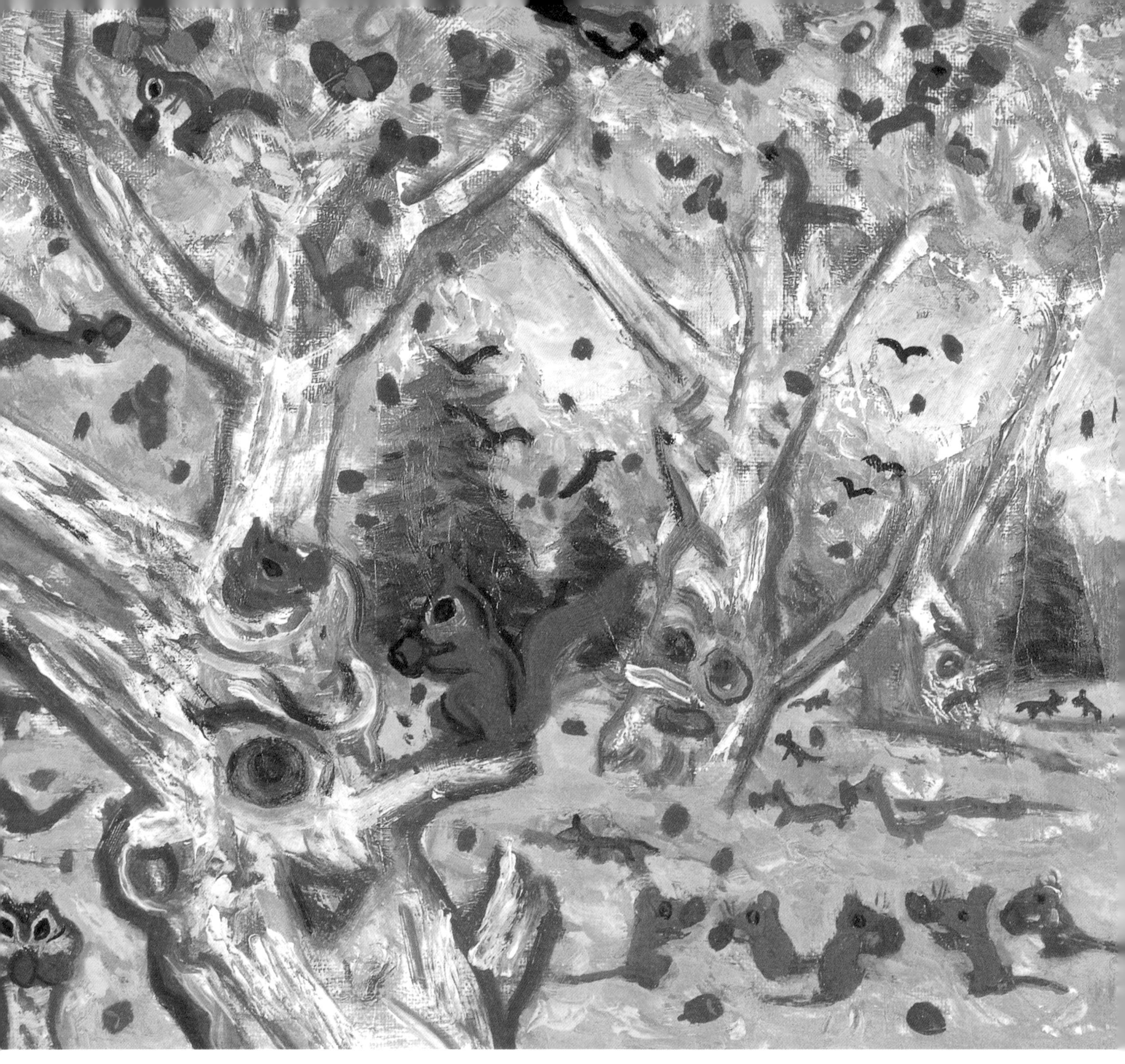

可是，到了春天，动物们繁殖得越来越多。
冬天来了，它们又把橡子挖出来吃光了，一粒也没剩。
唉，动物们一点都不了解橡树们的心情！

埋起来的橡子又被动物们吃光了，所以第二年春天，还是没有小橡树长出来。

唉，橡树们多么失望啊！

这还不算，到了秋天，又有一件意想不到的事情发生了。

一直努力结橡子的橡树们实在太累了……

这次，橡树们只结出了很少的橡子。
贪吃的动物们看到地上的橡子这么少，乱成了一锅粥。
肚子空空的动物们你争我抢，吃都吃不够，
最后被埋起来过冬的橡子更是少得可怜。

冬天来了，埋在地里的橡子很快就被吃光了。
但还有那么多动物吃不饱，这个冬天可真不好过。

动物们饿得肚子咕咕直叫，走起路来都摇摇晃晃，
它们在雪地里到处寻找食物。
有的动物找不到食物，饿死了。
就这样，漫长的冬天终于过去，春天来了。

好不容易活下来的动物们饿得骨瘦如柴、有气无力，走起路来都东倒西歪。
春天来了，它们没有像往年那样生下许多小动物。
动物的数量减少了很多，比一开始还要少。

休息了一个冬天的橡树们，在春天到来时终于打起了精神。

他们聚到一起，召开了第二次会议。

“喂，各位兄弟，大家还好吗？”“嗯，休息了一年，总算精神多了！”

“好啊，秋天我们又能大干一场啦，今年一定大丰收！”

精神焕发的橡树们拼命地深扎根、猛长叶，又一次结出了好多橡子。

动物们伸长脖子等着橡子落地，
眼巴巴地盼着大吃一顿。
它们大概还从没这样焦急地等待过。

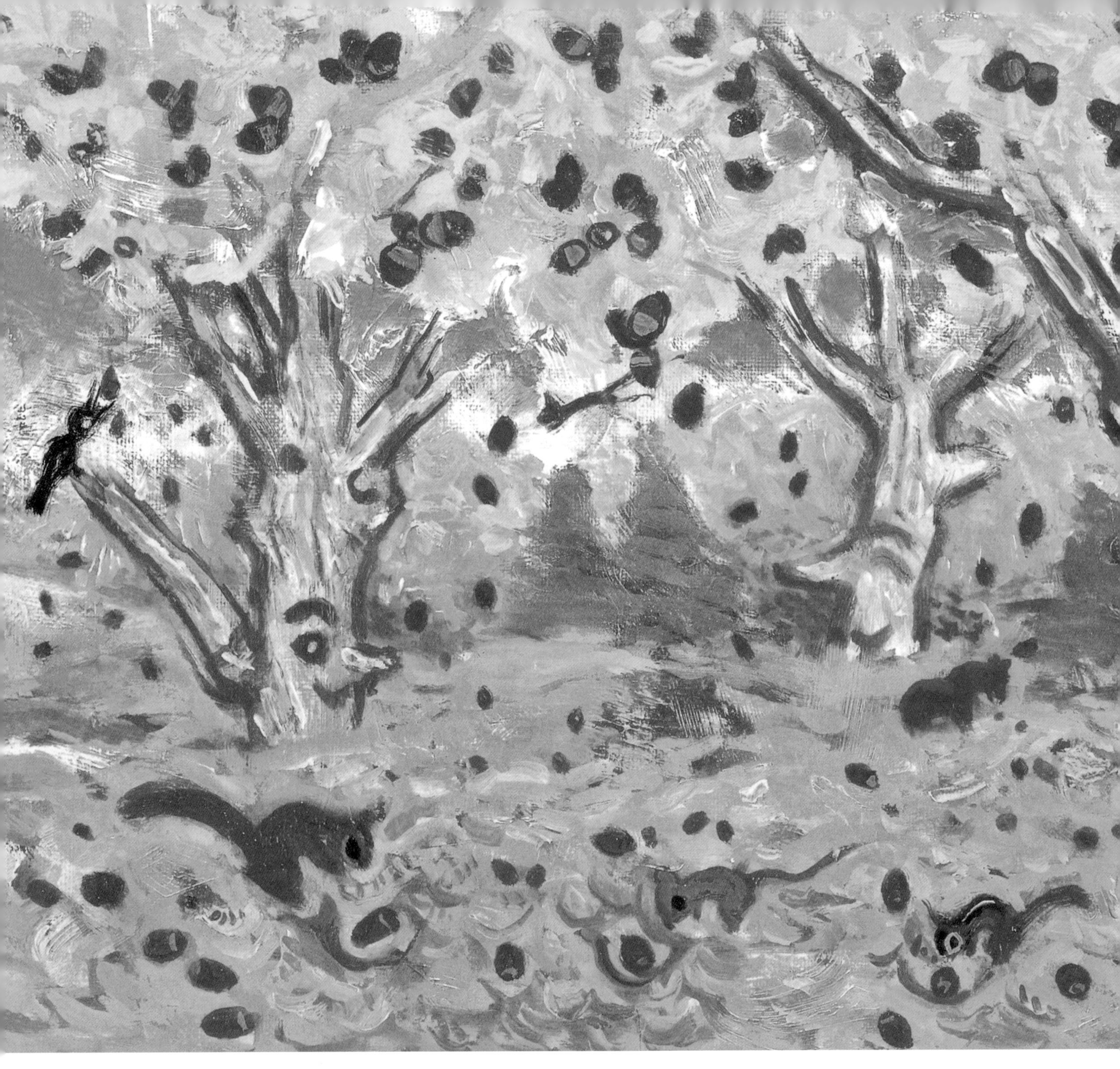

秋天到了。橡树林中落满了橡子。
饿坏了的动物们痛痛快快地吃了个够。

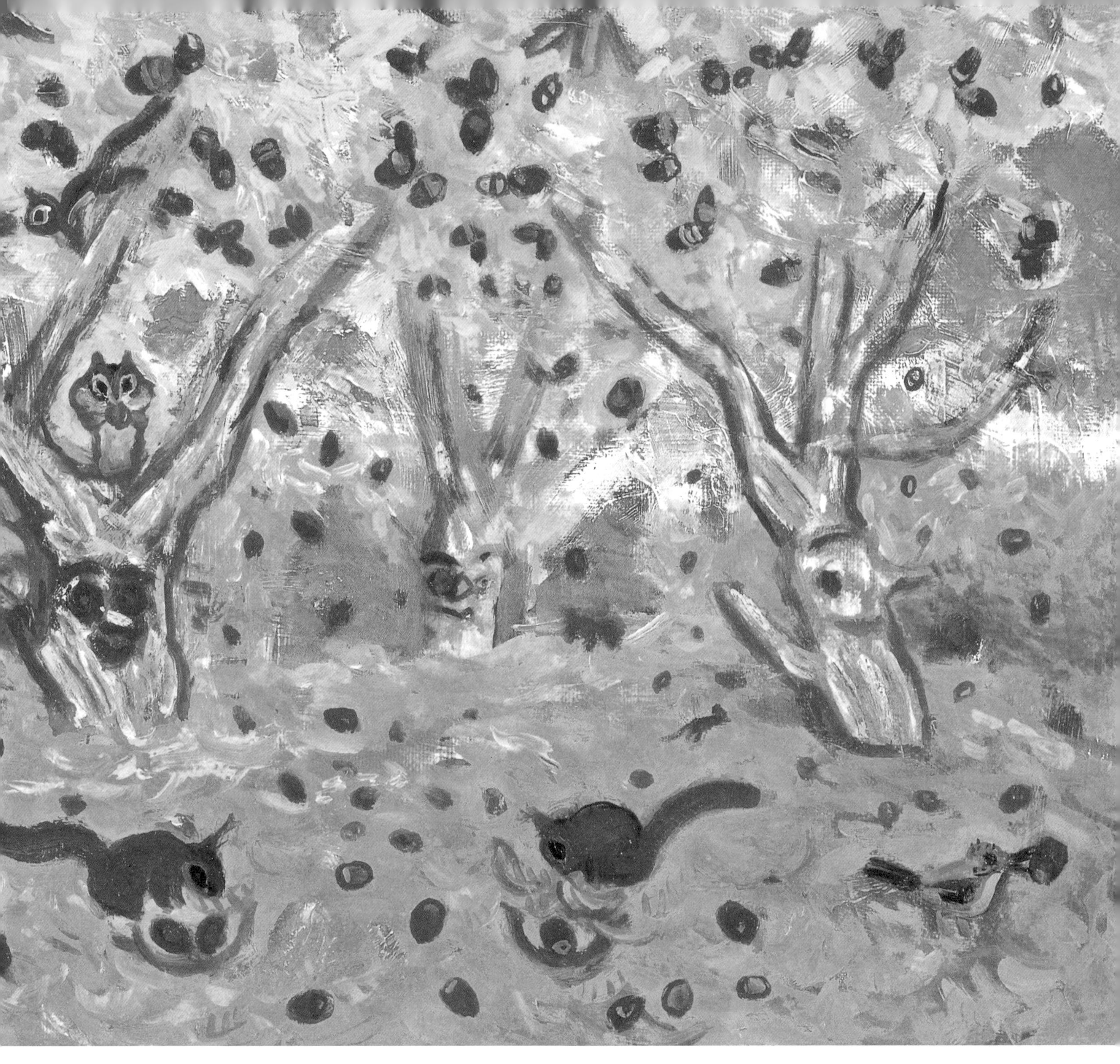

然后，它们又挖洞埋下了好多橡子，准备过冬。
不过，现在动物的数量减少了许多，
埋下的橡子根本吃不完。
一切好像又恢复到了最初的样子。

第二年春天，动物们没吃完的橡子纷纷发芽，长成了小橡树。

橡树们已经很久没有见到自己的孩子了，他们高兴极了。

橡树们高兴，不只是因为看到了小橡树。

更重要的是，他们终于明白了怎样才能让小橡树出生、长大。

于是，橡树们召开了第三次会议。

“啊，终于明白了！原来我们不应该每年都那么拼命地结橡子啊。”
“是啊，我们应该每隔一年丰收一次。”
“间隔一年，我们就能轻轻松松迎来大丰收！”

“让动物们每隔一年挨一次饿，数量就不会增加得那么快了。”

“动物们的数量增加得没那么快，就不会把所有的橡子都吃光。”

“不把所有的橡子吃光，地里的橡子就会发芽，小橡树就会长出来啦！”

于是，从那时开始，
橡树们就丰收一年，再歉收一年。
“大年”和“小年”轮流出现。
这样一来……

动物的数量再也没有增加得太快。

总是有吃不完的橡子被埋在地下，发芽、长大，源源不断地长成小橡树。

真是可喜可贺，可喜可贺呀！

为什么会有“大年”和“小年”？

橡树和很多果树产果时，都会出现书中所说的奇妙现象——第一年结出的果子多，第二年结出的少,丰收的“大年”和歉收的“小年”交替出现。为什么会出现这种现象呢？难道所有的果树都像书中的橡树一样，开过秘密大会？

当然，植物不会说话，更不会聚在一起开会。之所以会出现“大年”和“小年”，原因之一是大自然会不断地自我调节。在我们生存的这个美丽星球上，空气、土壤、水、动物、植物和人都是大自然的一分子。他们的状态时时刻刻都在发生变化，最终会渐渐达到稳定的状态。当这种状态被打破时，他们又会重新调节，以达到新的平衡。比如在草原上，如果羊的数量大量增加，草就会因为被过度啃食而减少，这样，羊就会饿肚子，数量越来越少，直到与草的数量平衡为止。之后，草重新开始生长，草原的状态慢慢恢复，羊也渐渐多起来，新的调节又开始了。书中的橡树和动物们，其实也是这样调节的。

除此之外，大小年的出现还有两个很重要的原因：一方面，大年里土壤中的养分会被大量吸收，这样，来年土壤就无法为大树提供足够的养分；另一方面，在大年里，大树们拼命地结果，养分都供给了正在生长发育的果实，而枝条得不到充足的营养，形成的花芽就少，第二年开出的花和结出的果子自然不会太多。除此之外，不同年份中的气候条件、栽培技术等因素，都会影响到植物的生长，让每年的产量都不尽相同。在农业种植中，为了防止小年出现，农民们想出了许多好办法。他们在大年来临时，会剪掉过密的树枝、摘除一些发育不良的花果，防止营养被过度消耗；而在大年过后，则深翻地、多施肥、少剪枝，以保证来年的产量。

图书在版编目（CIP）数据

橡树开大会 /（日）绀屋晋著 ；（日）片山健绘 ；田秀娟译．— 南京 ：江苏凤凰少年儿童出版社，2022.7
（我身边的大自然）
ISBN 978-7-5584-2611-7

Ⅰ．①橡… Ⅱ．①绀… ②片… ③田… Ⅲ．①栎属－儿童读物 Ⅳ．①S792.18-49

中国版本图书馆 CIP 数据核字（2022）第 008371 号

著作权合同登记号　图字：10－2021－533

我身边的大自然
橡树开大会
XIANGSHU KAI DAHUI

著　　者　[日] 绀屋晋
绘　　者　[日] 片山健
译　　者　田秀娟
责任编辑　瞿清源　代　照
助理编辑　朱其娣
特约编辑　屈佳颖　黄　锐
美术编辑　徐　蕊
内文制作　田小波
责任校对　秦显伟
责任印制　万　坤
出版发行　江苏凤凰少年儿童出版社
地　　址　南京市湖南路 1 号 A 楼，邮编：210009
印　　刷　北京奇良海德印刷股份有限公司
开　　本　940 毫米 ×1092 毫米　1/16
印　　张　2
版　　次　2022 年 7 月第 1 版
印　　次　2022 年 7 月第 1 次印刷
书　　号　ISBN 978-7-5584-2611-7
定　　价　208.00 元（全 8 册）

（如有印装质量问题，请发邮件至 zhiliang@readinglife.com）

我身边的大自然 4
彩虹
［日］樱井醇儿 著
［日］伊势英子 绘
田秀娟 译
妈妈，雨停了！
我们带小狗去散步吧！
江苏凤凰少年儿童出版社

看，彩虹！
好美啊！
好大啊！

一座彩虹桥架在空中。
红色、橙色、黄色、绿色、紫色——
红色、橙色、黄色、绿色、紫色——

不是说彩虹有七种颜色吗？
我找不到另外两种颜色啊。

看，飞机！

你说，从飞机上看彩虹，
会是什么样子呢？

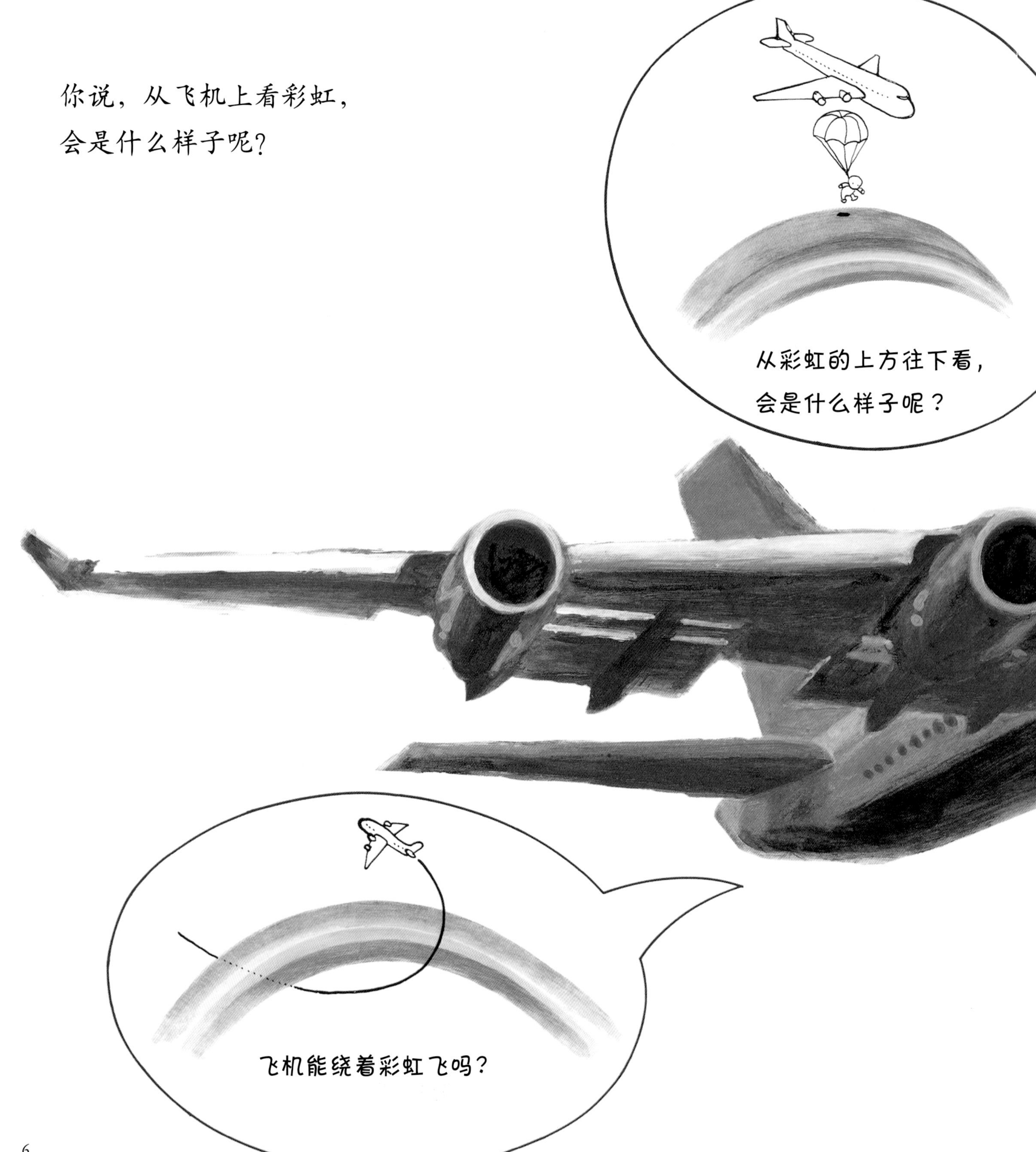

从彩虹的上方往下看，
会是什么样子呢？
飞机能绕着彩虹飞吗？

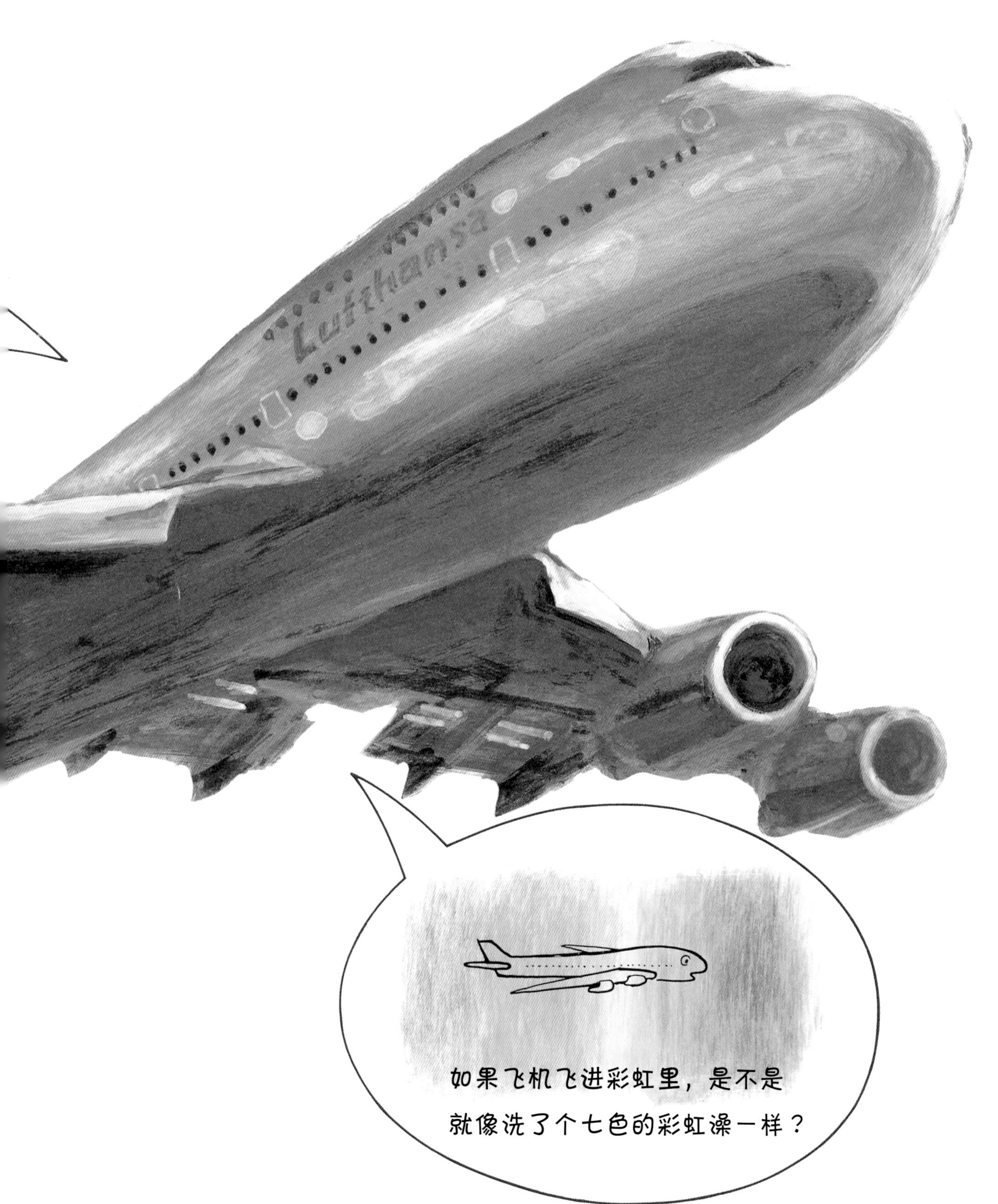
Lufthansa
如果飞机飞进彩虹里，是不是
就像洗了个七色的彩虹澡一样？

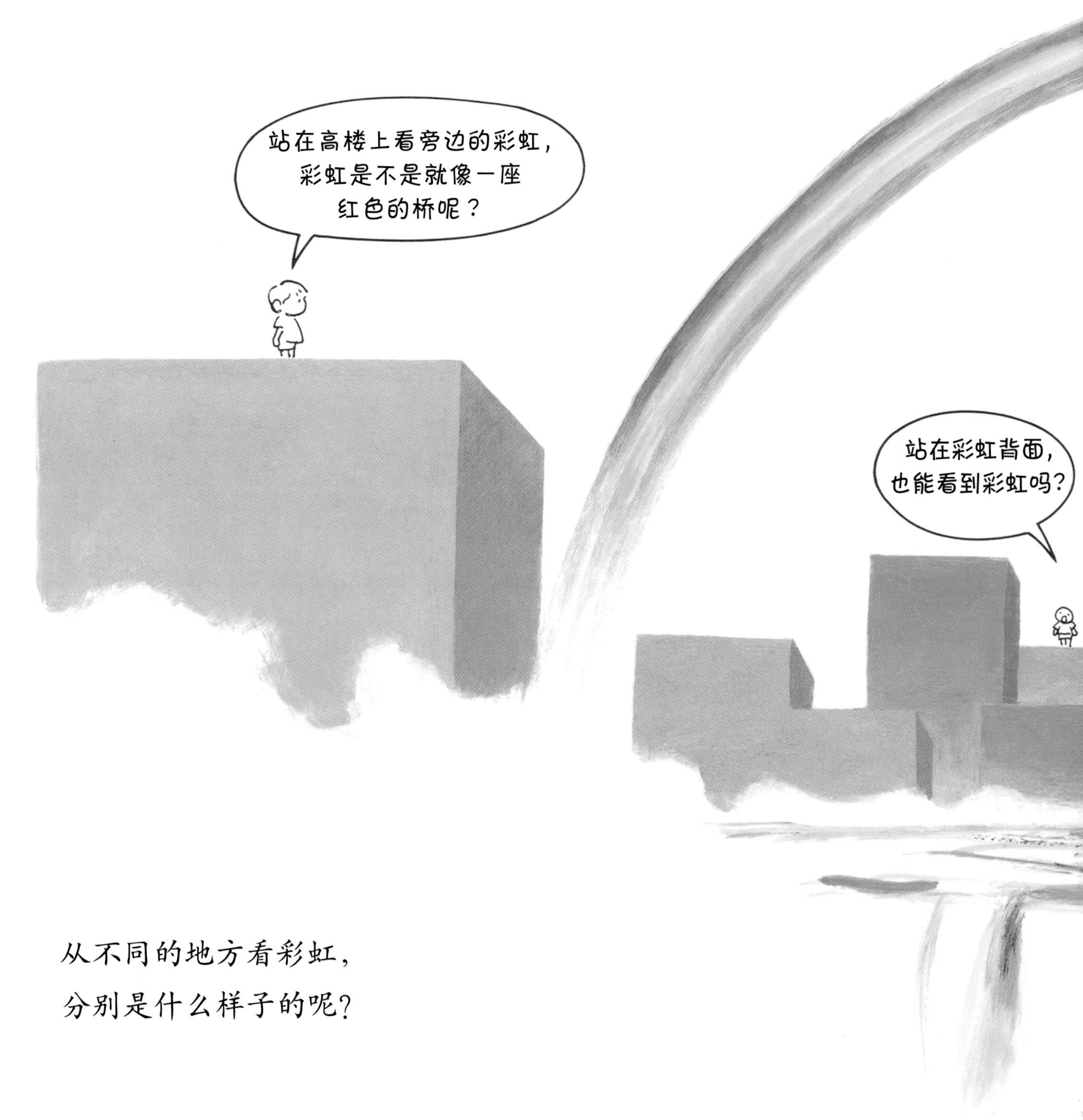

站在高楼上看旁边的彩虹，
彩虹是不是就像一座
红色的桥呢？
站在彩虹背面，
也能看到彩虹吗？

从不同的地方看彩虹，
分别是什么样子的呢？

站在彩虹正下方看，
它是什么样子呢？
飞到近处看，
彩虹会不会变大呢？

啊，彩虹要消失了！

要是一直能看见彩虹就好了。

妈妈，什么时候才能看见彩虹呢？

等雨停了，太阳出来了，彩虹才会出现哦。
有时候，在公园的喷泉边也能看见彩虹。
明天我们一起去看吧！

第二天，

我和爸爸、姐姐一起去公园。

就在我们绕着喷泉散步时——

哇，快看！

喷泉里出现了彩虹！

这儿的彩虹离我们好近啊。

它和天上的彩虹是一样的颜色。

哇，快看啊！
彩虹会跟着我一起走。

在这边
能看到彩虹的尾巴。

爸爸能看到彩虹的正中央。
哇，走到这边，
能看到彩虹另一端的尾巴。
绕着彩虹
转一圈吧。汪汪！

一阵风吹过来。

哇，好凉！喷泉的水花飞过来了。

我目不转睛地盯着彩虹看。

水花被风吹得四处飞溅，

彩虹却还是一动不动。

爸爸，
我跑到这儿，就看不见彩虹了！

我们再往那边走走看！
站到桥上去试试！

咦？在桥上也看不到彩虹。
原来，我们看不到彩虹的另一面啊。

我们看不到彩虹的“侧面”和“反面”。
爸爸，这是为什么？

只有背对着太阳，喷泉和我们的影子在同一侧时，才能看到彩虹。

傍晚，太阳要落山了。
咦？彩虹升高了。
太阳慢慢落下，彩虹却升高了。

又过了一会儿，太阳下山了，彩虹也不见了。

今天的天气很晴朗，爸爸洗车时把我们叫了过去。

嘿，我们来制造一道彩虹吧。

啊？彩虹可以制造出来吗？

用水管朝汽车喷水，车上立刻水花四溅。

然后——

快看，看到彩虹了吧？

咦？在哪儿？在哪儿？

我看不见啊！

我们只有背对着太阳，

才能看到彩虹哦。

快到这边来！
这儿能看见。

太好了，在这边
能看到彩虹！
哇，和喷泉边
看到的彩虹一模一样！

哎呀，
我摸不到彩虹！

放暑假时，我们去了海边。
在那儿，我们也看到了彩虹。
飞溅的浪花中出现了彩虹。

在山里也看到了。那儿的彩虹好大啊！

天空中弥漫着薄薄的雾气，雾气中出现了彩虹。

现在我明白了，当阳光照射在水滴或雾气上的时候，会形成彩虹。这时，如果我们背对太阳，就能在自己影子的同一侧看到彩虹，但我们看不到彩虹“侧面”和“反面”哦。

彩虹是怎样形成的?

红、橙、黄、绿、蓝、靛、紫,一座美丽的彩虹桥架在雨后的空中,好美呀!古时候有许多关于彩虹的美丽传说,有的说它是天上的龙,有的说它是架在空中的桥,有的说它是神留下的弓,还有的说,彩虹的尽头藏着神秘的宝藏……那么,彩虹到底是什么呢?

其实,彩虹只是大气中一种常见的光学现象而已。雨后的晴空,飞溅的喷泉,翻卷的海浪……只要有水雾和阳光的地方,都有可能见到它的倩影。甚至,你也可以像书中一样,自己制造一道彩虹。阳光和水雾是怎样变出彩虹来的呢?小朋友们可以先用三棱镜做个实验:把三棱镜放在阳光下,变换一下它的角度,就会发现在另一侧出现了一道七色光,只是不像彩虹一样是圆弧,而是直线。如果没有三棱镜,在水盆里斜着插入一面镜子,也可以做这个实验。阳光看上去没有颜色,其实是由七种美丽的颜色组成的。彩虹的出现也是同样的原理:雨后,透明的小水滴像一个个微型三棱镜一样悬浮在空中。由七色光组成的阳光遇到水滴时,光先折射进入水滴内部,又被反射回来,再次透过水滴并发生折射,最后回到空气中。不同波长的光折射率有所不同,紫光的折射率就比红光大。由于光在水滴内被反射,所以观察者看见的光谱是倒过来的,红光在最上方,紫光在最下面。而蓝、靛两种颜色与邻近的颜色界限较为模糊,因此经常有人说只能看到五种颜色。如下图所示:

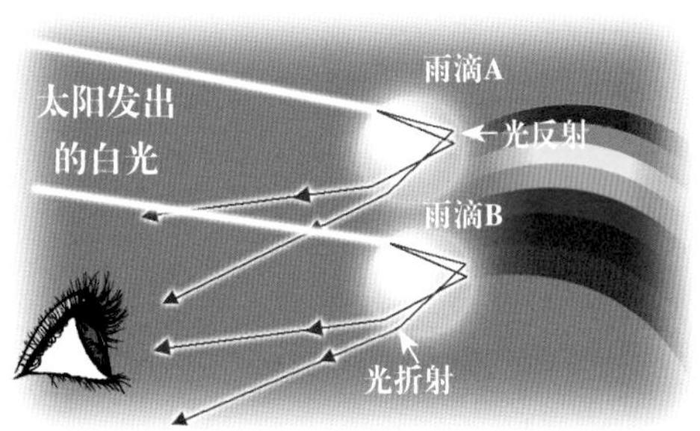

那么,为什么观察彩虹的最佳角度是40度左右呢?这个角度叫作"最小偏向角",这个角度折射的光能量损失最小,所以七色光的强度最大、最集中,观察到的彩虹也最清楚。

让我们走出家门,到大自然中去寻找彩虹吧,或者,自己制造一道彩虹,让晴朗的日子总能有彩虹相伴。

观测彩虹的最佳角度

如上图所示，当我们背对太阳，且视线与阳光成大约 40 °角时，就能看到彩虹。

如果想在喷泉边找到彩虹，或者想用喷水管制造彩虹，只要参考上图，就能找到观赏彩虹的最佳角度。

图书在版编目（C I P）数据

彩虹 /（日）樱井醇儿著 ；（日）伊势英子绘 ；田秀娟译 . — 南京 ：江苏凤凰少年儿童出版社，2022.7
（我身边的大自然）
ISBN 978-7-5584-2611-7

Ⅰ . ①彩… Ⅱ . ①樱… ②伊… ③田… Ⅲ . ①虹—儿童读物 Ⅳ . ① P427.1-49

中国版本图书馆 CIP 数据核字（2022）第 008370 号

著作权合同登记号　图字：10－2021－533

我身边的大自然
彩虹
CAIHONG

著　　者　[日] 樱井醇儿
绘　　者　[日] 伊势英子
译　　者　田秀娟
责任编辑　瞿清源　代　照
助理编辑　朱其娣
特约编辑　屈佳颖　黄　锐
美术编辑　徐　蕊
内文制作　田小波
责任校对　秦显伟
责任印制　万　坤
出版发行　江苏凤凰少年儿童出版社
地　　址　南京市湖南路 1 号 A 楼，邮编：210009
印　　刷　北京奇良海德印刷股份有限公司
开　　本　940 毫米 ×1092 毫米　1/16
印　　张　2
版　　次　2022 年 7 月第 1 版
印　　次　2022 年 7 月第 1 次印刷
书　　号　ISBN 978-7-5584-2611-7
定　　价　208.00 元（全 8 册）

（如有印装质量问题，请发邮件至 zhiliang@readinglife.com）

我身边的大自然 5

明天是什么天气？

晴天？ 阴天？ 雨天？

[日] 野坂勇作 著　田秀娟 译

明天是晴天、阴天，还是雨天？
想知道明天的天气，
就来看看云彩和太阳的样子，
看看风往哪个方向吹吧。

大家好

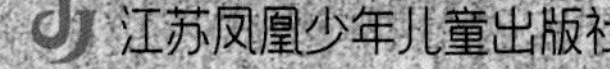

晚霞行千里

“明天再一起玩吧！”“明天会是晴天吗？”
太阳从西方落下，天气从那里开始变化。
所以看看西边的天空，就能知道明天的天气。
晚霞红艳艳，说明西边的云层已经裂开，天空很晴朗。
所以人们常说“晚霞行千里”！

傍晚东虹现，明天晴艳艳

“哇！雨停了！”“看，彩虹！”
雨过天晴的傍晚，阳光从西边照过来，
东边的天空中出现了一道美丽的彩虹。
西边有太阳，说明……
明天会是个好天气！

露水重，現晴空

“哇，好凉！鞋子被露水打湿了！”

夜晚，气温下降，空气中的水汽在草叶上凝结成露珠。

太阳出来后，气温上升，露珠消失，又是一个好天气！

今天和爸爸去爬山。
“看，那片云彩好像一个馒头！”
云彩聚集在山顶上方，看上去就像一个馒头，
这种云叫作“淡积云”。
淡积云出现，说明空中没有强风，
所以现在的好天气会持续哦！

有雨山戴帽

今天和大家一起去爬山。
“看，那片云彩和上次看到的不一样！”
“好像一顶帽子！”
这说明山顶上空有大风。
大风吹过来，天气就会变。
过一会儿可能会刮大风、下大雨哦！

星星眨眼，大风不远

有时，我们会发现天上的星星一闪一闪的，就像在眨眼睛。
这是因为高空中的风一会儿大一会儿小。
第二天，风吹到地面上空，
可能会引起天气变化。

不同的风会带来晴、阴、雨等不同的天气。
我们可以根据风向，预测明天是什么天气。

日晕三更雨

看，太阳周围有一圈朦胧的光晕，
看上去好像打着一把伞，
这说明高空中有一层薄薄的云彩。
随着这层云彩慢慢降低，明天就是阴天。
如果云量增多增厚，成了雨云，明天就会下雨。

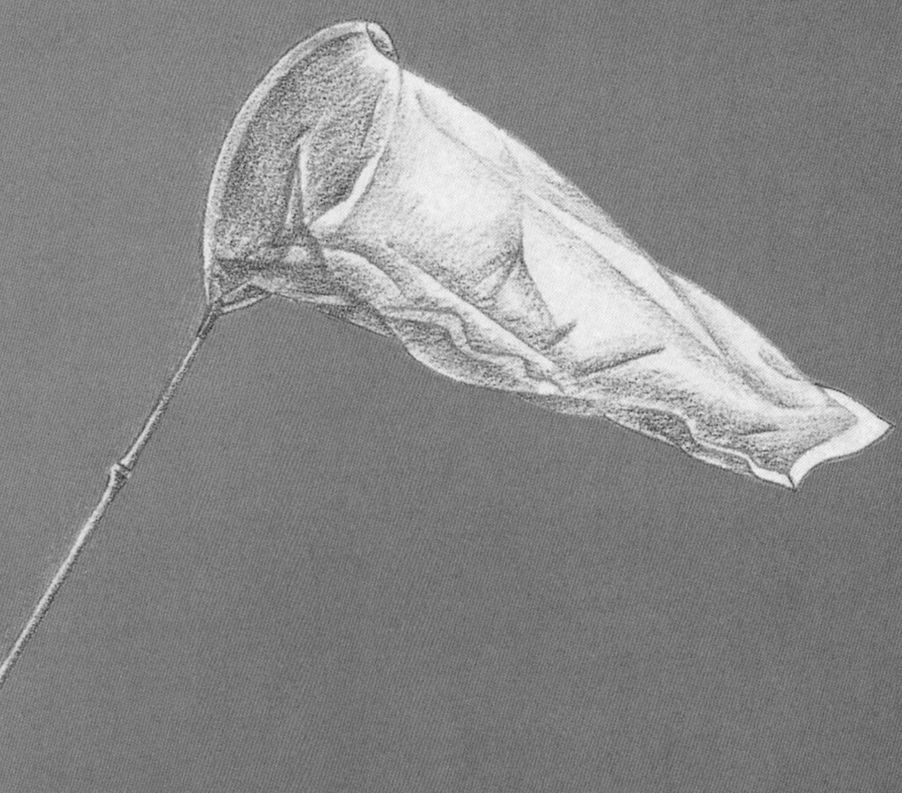

月晕午时风

有时候，月亮也会“打伞”。
“月亮打伞”时，第二天很可能会刮风，偶尔也会下雨。

“咦？刚刚还是晴天，怎么突然满天都是云彩？”

“看上去就像一片片鱼鳞！”

冷空气来临时，天上会出现鱼鳞云。

如果云层不断变厚，越来越低，很可能马上就要下雨。

朝霞不出门

你见过朝霞吗？
东方的天空一片绯红，那就是美丽的朝霞。
和预示着晴天的晚霞相反，出现朝霞，
说明大气中水汽含量增加，今天很可能有雨。

声音传得远，出门要带伞

从远处的铁轨上，清晰地传来了火车的奔驰声。
这是因为低垂的云层就像一层天花板，
将远处的声音反射过来，所以我们听得非常清楚。
云层很低，可能很快会下雨。

燕子低飞，雨来风吹

青蛙叫，大雨到

“啾啾！啾啾！”燕子贴着地面低飞。“呱呱！呱呱！”青蛙的叫声此起彼伏。
这些现象都预示着天要下雨。
其中的原因还没有明确的说法。不过，世界各地的农民伯伯都知道这一点。

天上飘满了棉花一样的云彩。
“明天会下雨吗？能去郊游吗？
真希望明天是个好天气啊。”

“快看！云彩的肚子光溜溜的。”
云彩的肚子看上去光滑整齐，说明天空中的风很弱。
风弱的话，就说明——对啦，明天很有可能是晴天！

现在，你学会观测天气啦。
来，让我们看看云彩的样子，
观察一下风的方向吧。
猜猜明天是晴天、阴天，还是雨天？
再见了

怎样观测天气？

不看天气预报也能预测天气

气象台的气象预报员，通过测量气温、气压，观测云形和绘制气象图来预测未来的天气。我们一般通过看天气预报了解明天的天气情况。不过，根据自己的观察来预测明天的天气，也是一件很有意思的事情哦。

过去，渔民们会登到山顶，观察云形、风向和海鸟的活动，然后鸣钟或放烟火，向渔船发送是否出海捕鱼的信号。农民也会通过观察附近山上云彩的走向来决定明天干什么农活。傍晚，如果东方的天空中出现彩虹，就知道明天很可能是晴天。所以有“傍晚彩虹现东方，好把镰刀磨光光”这样的谚语。

在科学不发达的年代里，人们就是这样通过观察大自然来预测天气的。通过观察云形、风向和动物的活动来预测天气，这被称为“观测天象”。

除了本书中介绍的方法以外，还有很多观测天气的方法。请大家从阅读这本书开始，去发现更多观测天气的方法吧。

观测天气时要注意什么？

观测天气时，要特别注意下面几点：

1. 中国上空的大气层中，西风最多。所以天气变化往往从西向东转移。本书中的“朝霞不出门，晚霞行千里”就证明了这一点。但是有时候，大气层中也会有东风，这时，天气变化会从东向西转移。所以，在不同的时候，预测天气的方法并不完全相同。

2. 地势也会影响到天气。高山等地貌，有可能会成为重要的“天气分割线”。当地势山峦起伏时，相隔不远的两个地方可能会出现完全不同的天气。比如中国的南岭，就能起到阻止冷空气南下的“屏障”作用。因此，同样是冬季，南岭以北的湖南等省天气比较寒冷，以南的广东则较为温暖。就算是同一个地方，天气可能也不太一样呢。大家如果爬过高山，可能就会注意到，山下与山上的天气差别很大，也许山下阳光明媚，山上却云层密布，甚至阴雨绵绵，所以有句话叫“一山有四季，十里不同天”。如果遇到这些情况，预测天气时就要充分考虑当地的情况，才能做出更准确的判断。要是你也想学着当个气象预报员，就好好观察大自然，记住更多的天气谚语吧。

用这本书中介绍的谚语来观测天气时，一定要记住一点：综合考虑各种情况。也就是说，不要只观察一个对象。如果观察不同的对象后得出的结论相同，那就说明你对天气的预测是准确的。

本书中的词语

★ 植物的露水和吐水（第 6 ～ 7 页）

清晨，我们在植物上看见的水滴可不全都是露水，还有可能是他们的“汗”哦。在夏天的夜晚，或者空气潮湿、没有阳光的白天，植物会从叶尖或叶子边缘的水孔排出多余的水分，以调节自己体内的水分，我们称之为“吐水现象”。植物的“汗水”里含有少量的无机盐和其他物质，而露水是大气中的水蒸气遇冷凝结的小水珠。露水在气温特别低的时候还会变成霜，以冰的形式出现。

★ 青蛙和燕子（第 24 ～ 25 页）

青蛙鸣叫，真的预示着下雨吗？日本曾有一位名叫森直藏的气候观测所所长对此进行了调查。他的结论是：青蛙鸣叫时，下雨的概率为 60% ～ 70%。燕子低飞，也预示着可能会下雨。

★ 云彩的肚子（第 26 ～ 27 页）

“云彩的肚子”指的是云彩下部的边缘。雨云的肚子非常不光滑，像垂下来的破布一样，看上去皱巴巴的。据说，一个能画好云彩肚子的画家才能被称为一流画家。

图书在版编目（CIP）数据

明天是什么天气？晴天？阴天？雨天？ /（日）野坂勇作著 ；田秀娟译. — 南京 ：江苏凤凰少年儿童出版社，2022.7

（我身边的大自然）

ISBN 978-7-5584-2611-7

Ⅰ. ①明… Ⅱ. ①野… ②田… Ⅲ. ①天气预报—儿童读物 Ⅳ. ①P45-49

中国版本图书馆 CIP 数据核字（2022）第 008369 号

著作权合同登记号　图字：10—2021—533

我身边的大自然

明天是什么天气？晴天？阴天？雨天？

MINGTIAN SHI SHENME TIANQI? QINGTIAN? YINTIAN? YUTIAN?

著　　者 ［日］野坂勇作
译　　者 田秀娟
责任编辑 瞿清源　代　照
助理编辑 朱其娣
特约编辑 屈佳颖　黄　锐
美术编辑 徐　蕊
内文制作 田小波
责任校对 秦显伟
责任印制 万　坤
出版发行 江苏凤凰少年儿童出版社
地　　址 南京市湖南路 1 号 A 楼，邮编：210009
印　　刷 北京奇良海德印刷股份有限公司
开　　本 940 毫米 ×1092 毫米　1/16
印　　张 2
版　　次 2022 年 7 月第 1 版
印　　次 2022 年 7 月第 1 次印刷
书　　号 ISBN 978-7-5584-2611-7
定　　价 208.00 元（全 8 册）

（如有印装质量问题，请发邮件至 zhiliang@readinglife.com）

大家都一样 可是 大家各不同

［日］奥井一满 著　［日］得能通弘 摄影
［日］小西启介 设计　丁虹 译

江苏凤凰少年儿童出版社

大家都一样

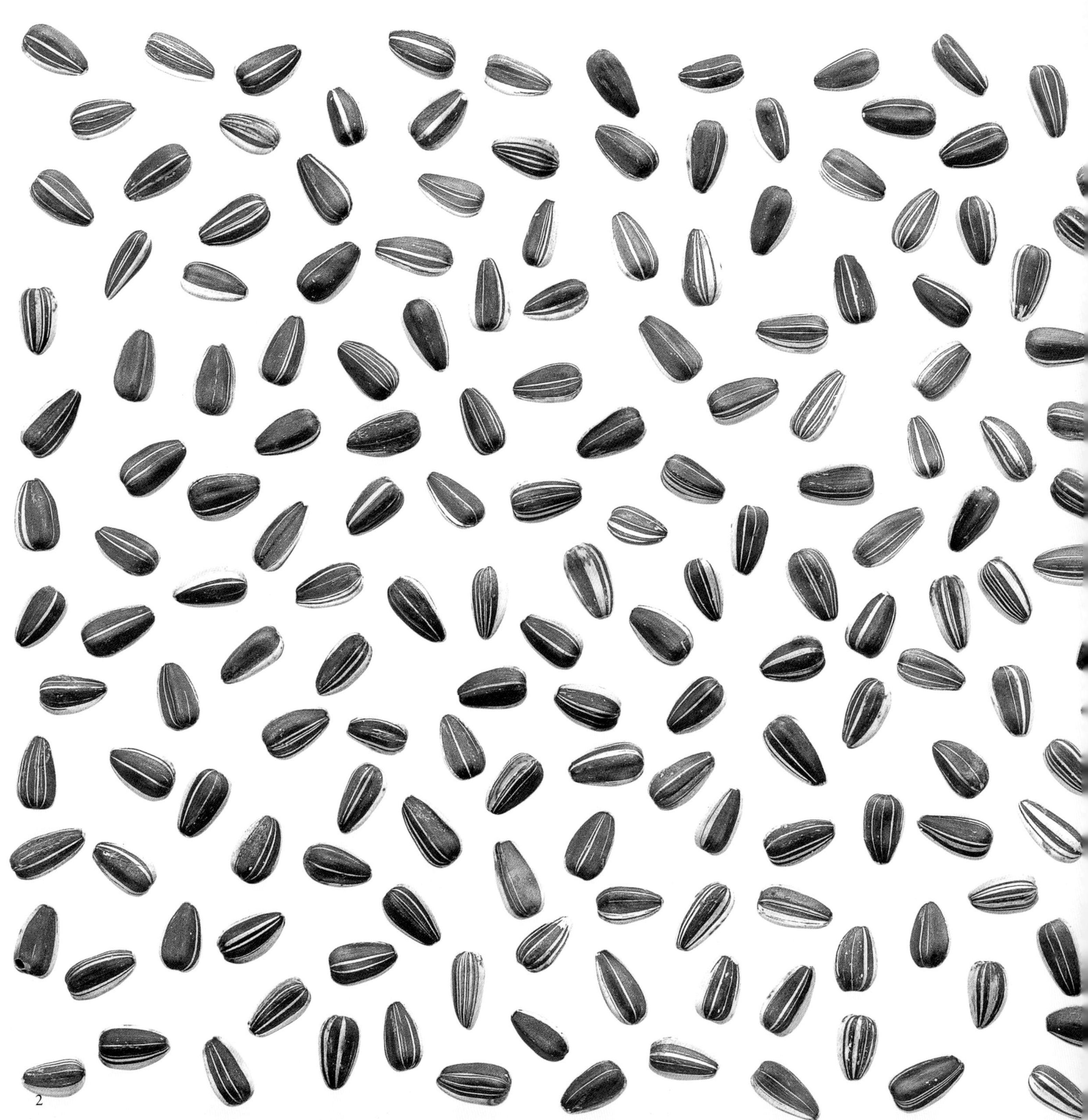

可是　大家各不同

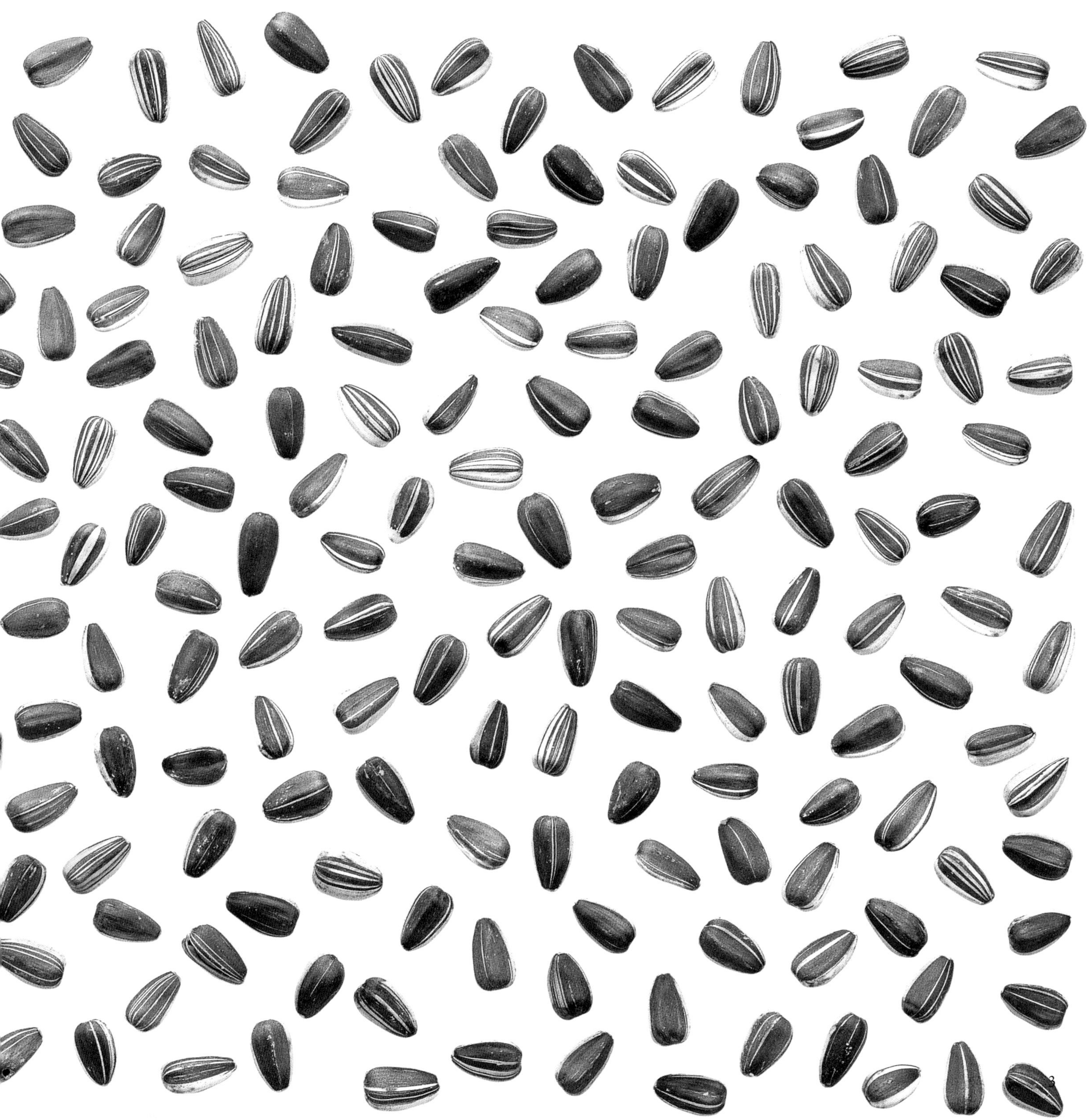

大家都一样

可是 大家各不同

大家都一样

可是　大家各不同

大家都一样

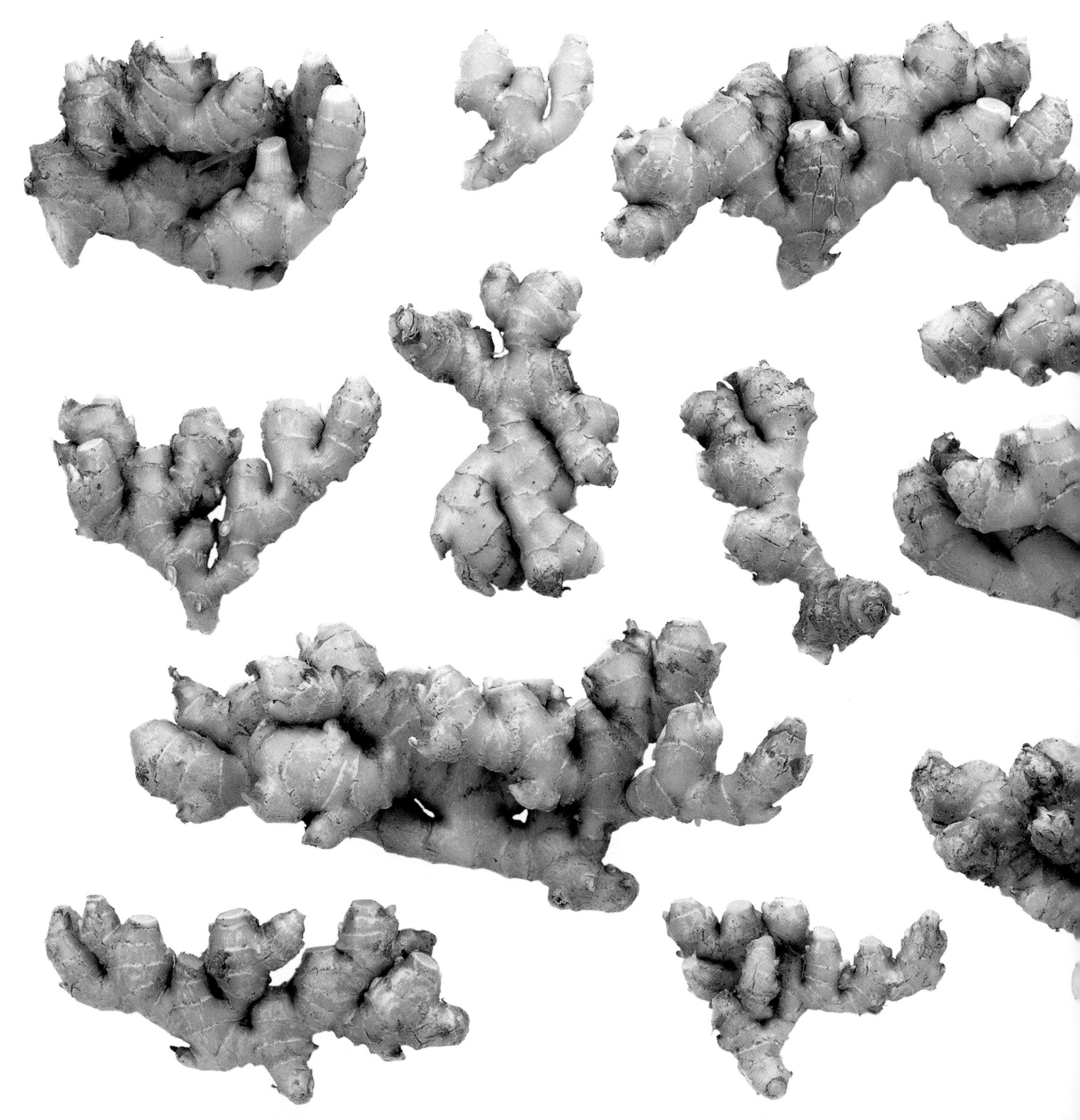

可是　　　　大家各不同

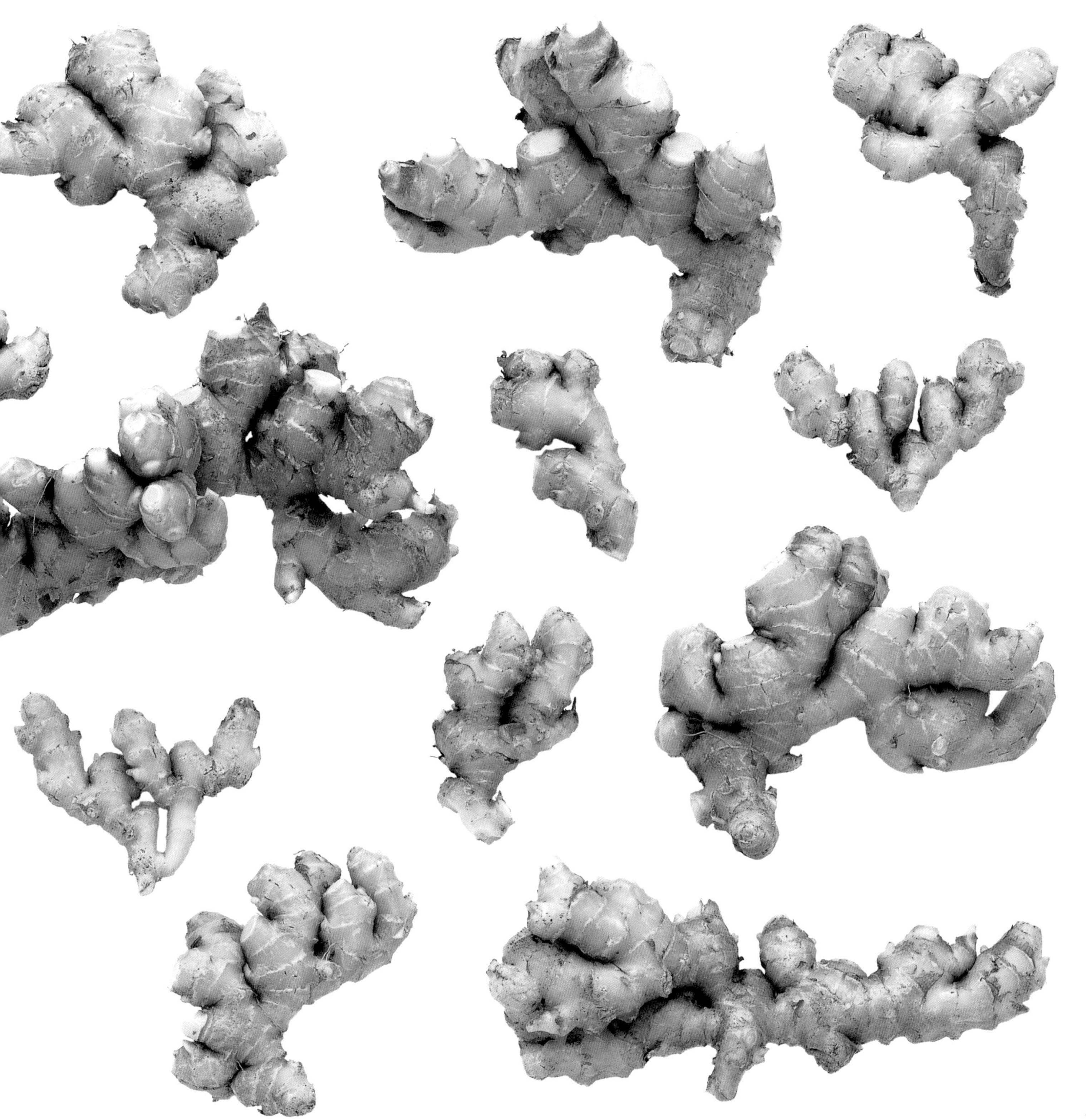

大家都一样

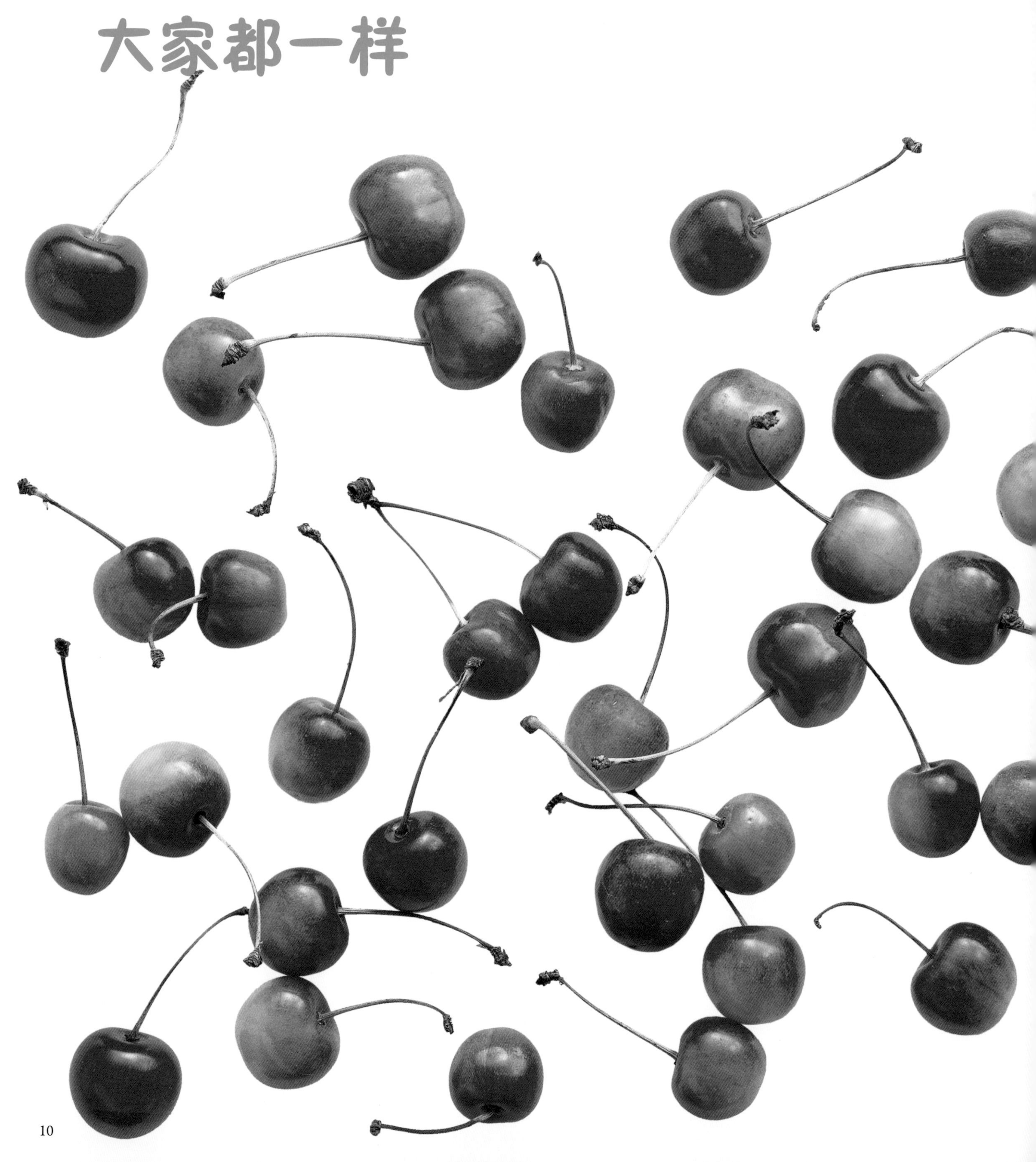

可是　　大家各不同

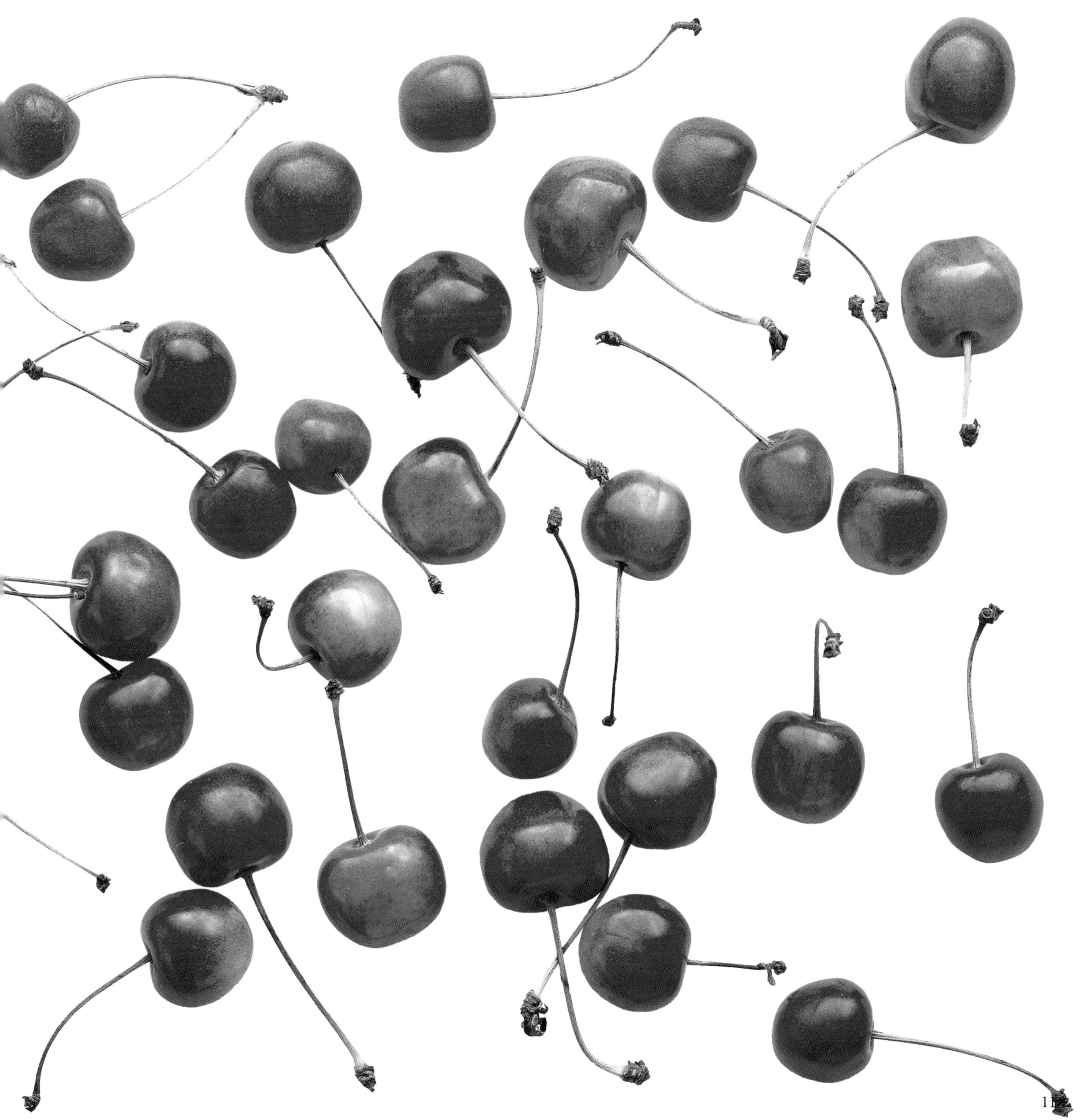

大家都一样

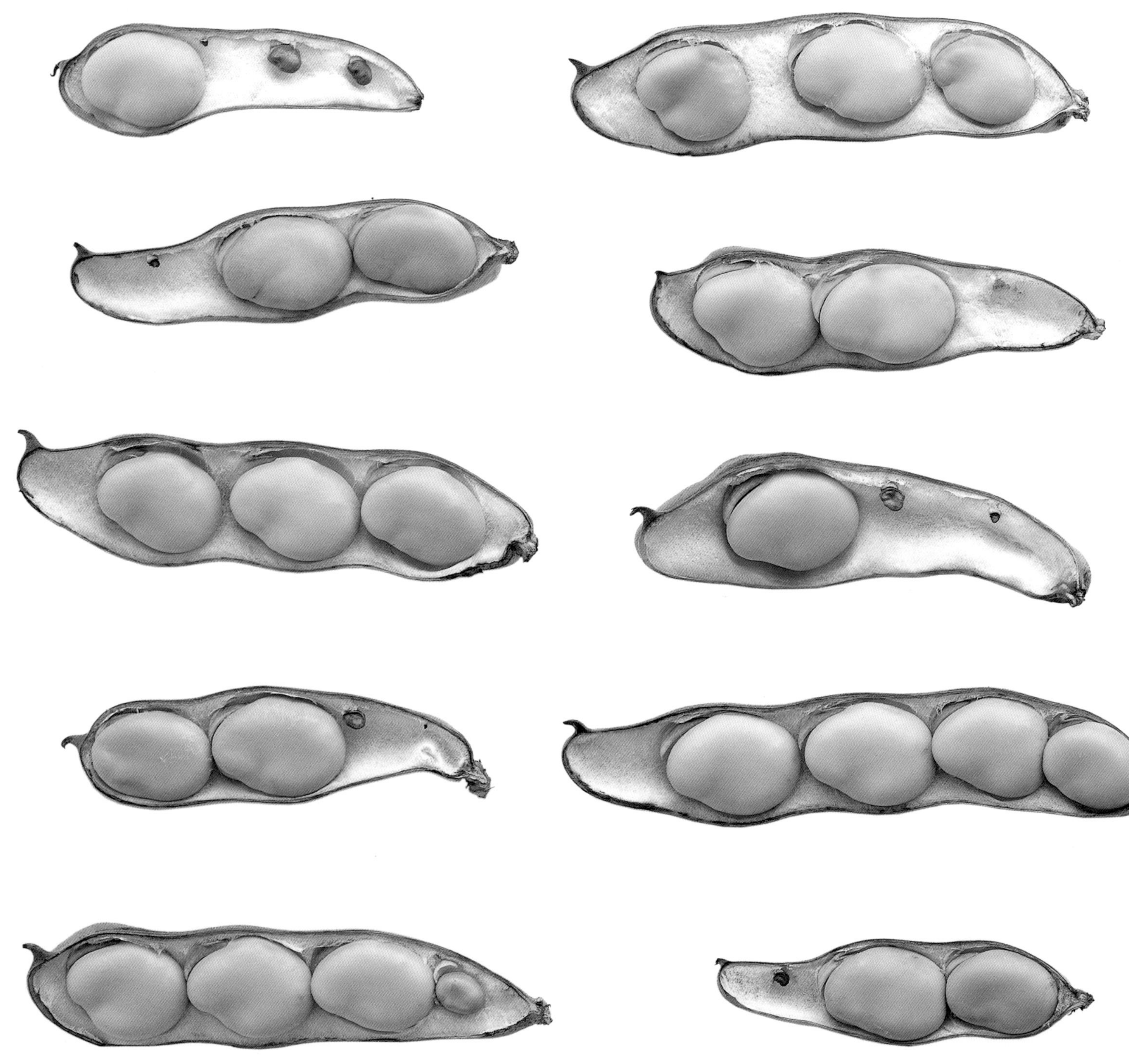

可是　　大家各不同

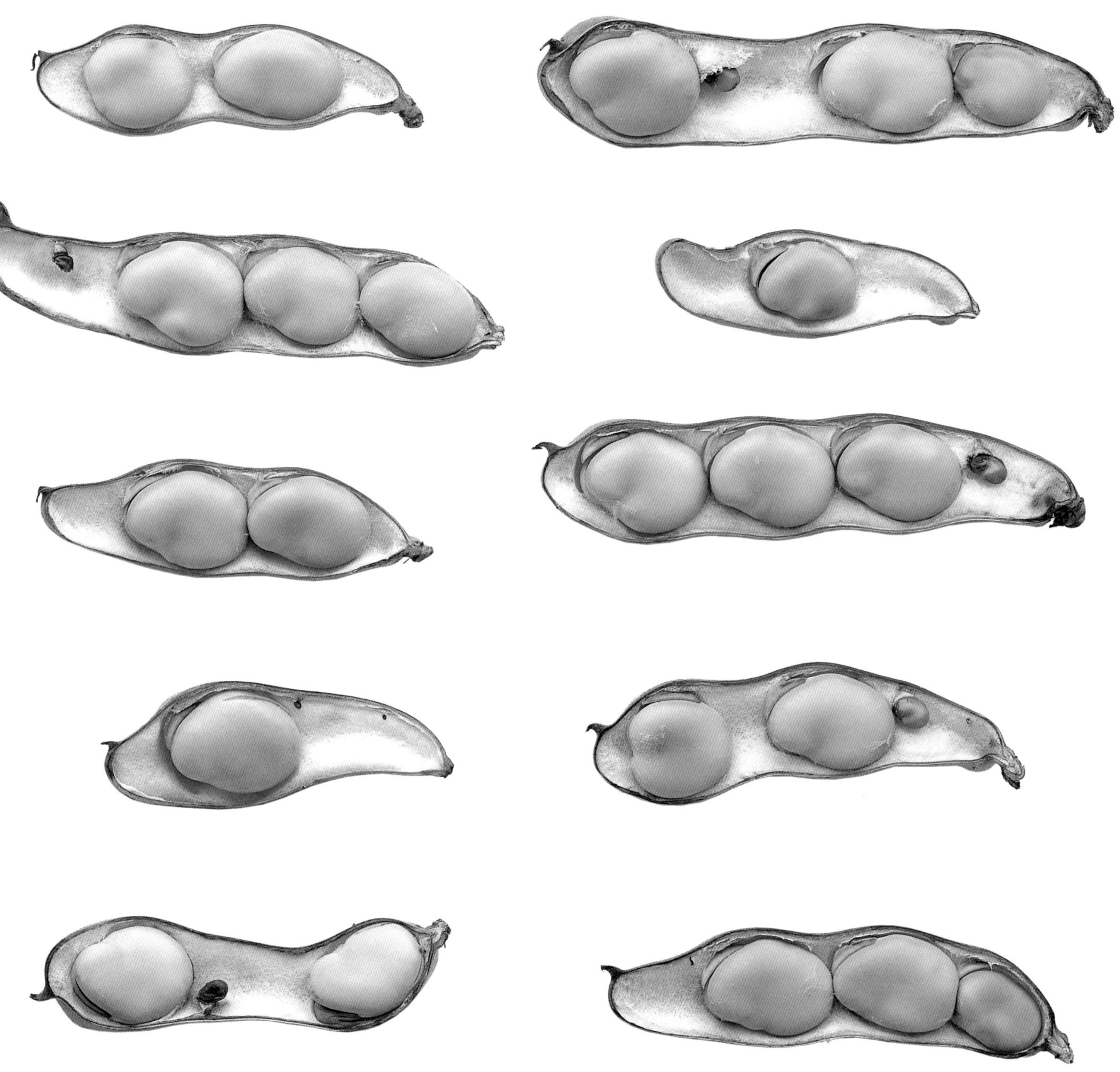

大家都一样

可是　　大家各不同

大家都一样

可是　　大家各不同

大家都一样

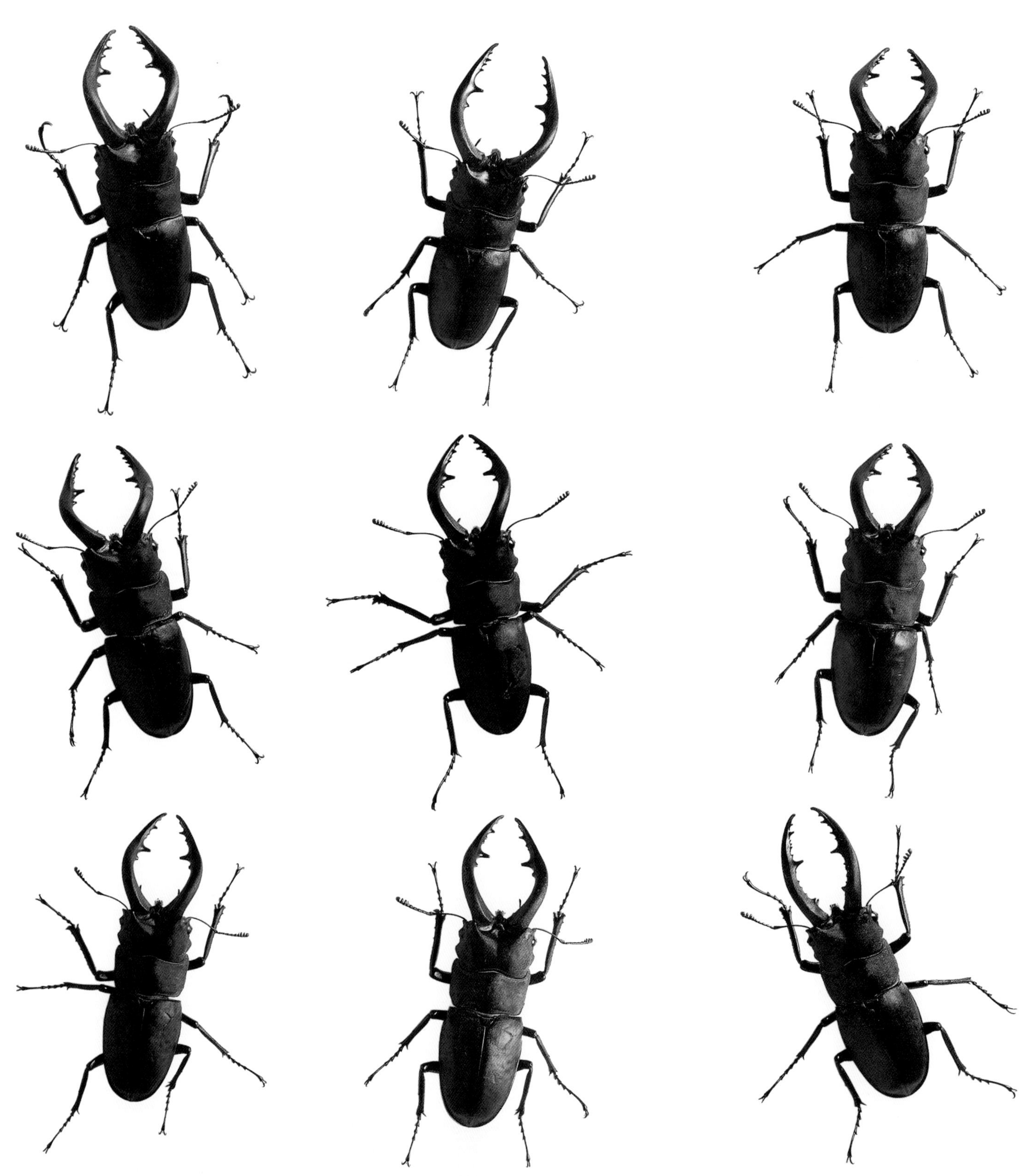

可是　　大家各不同

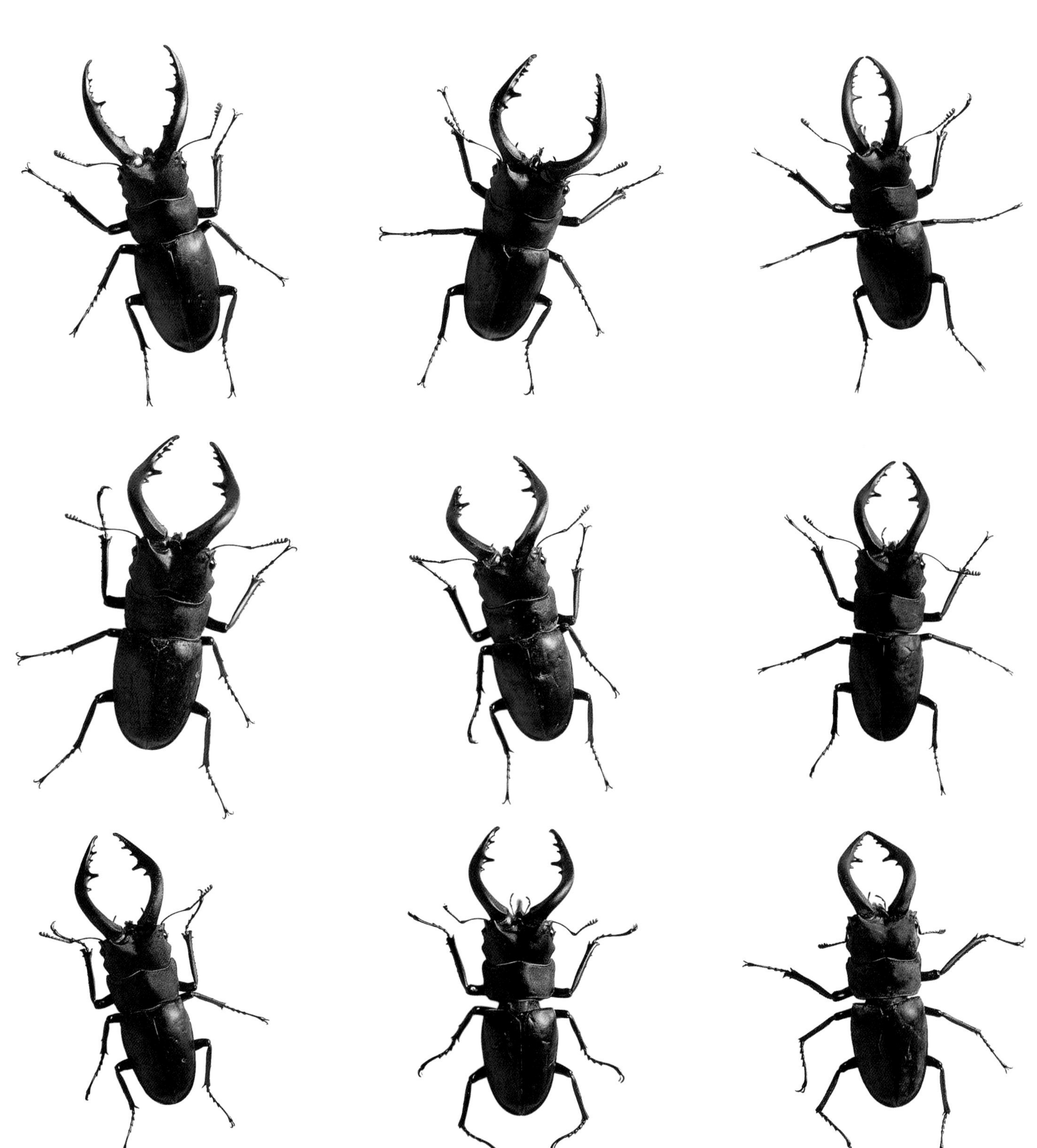

大家都一样

可是　　大家各不同

大家都一样

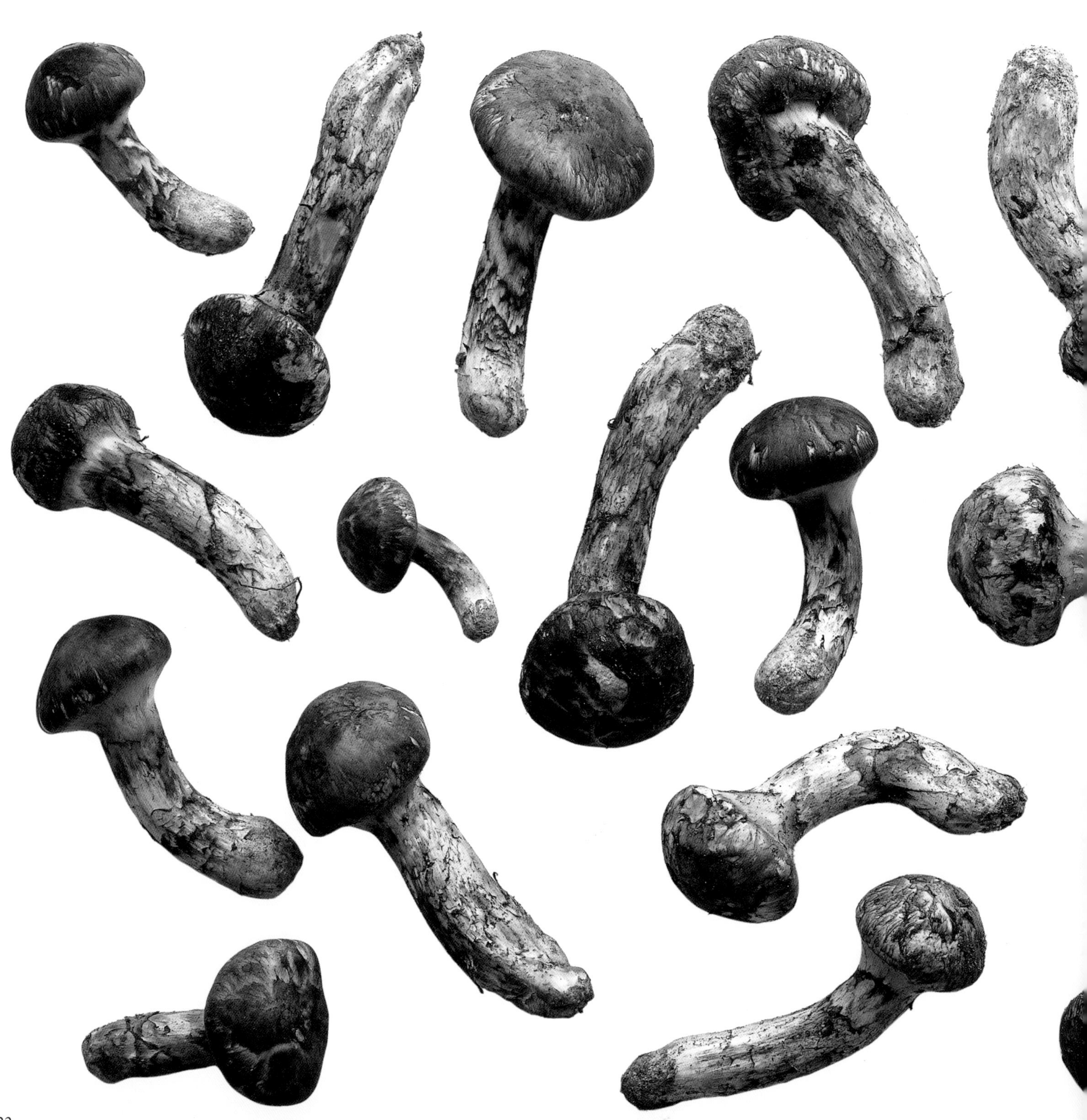

可是 大家各不同

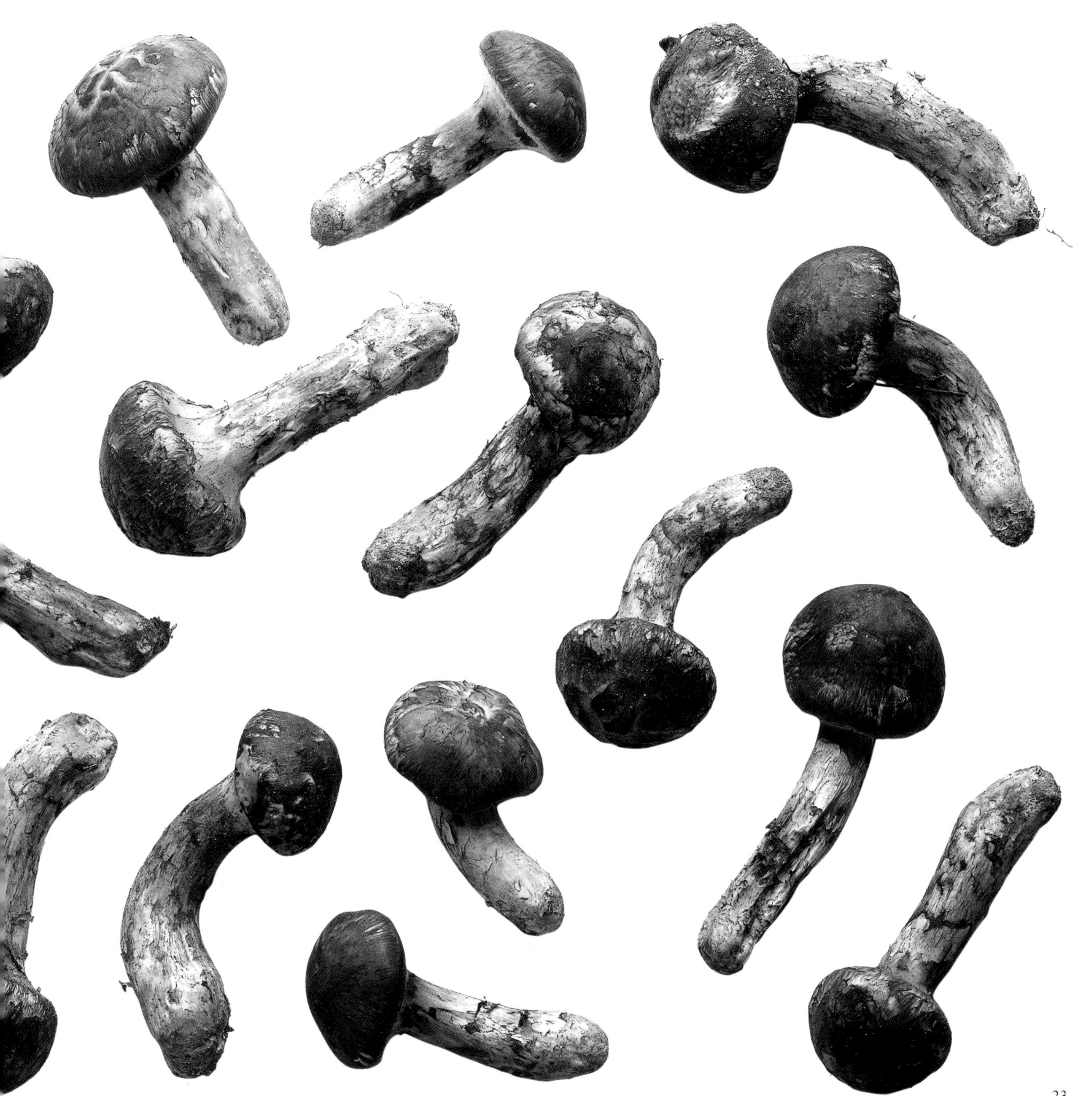

大家都一样

可是　　　　大家各不同

大家都一样

可是　　大家各不同

前面每一页里出现的东西，大家见过吗？一起来认识一下吧：

● 蛤蜊

蛤蜊是一种很常见的海边生物，属于软体动物，喜欢在浅海的沙泥滩上挖洞生活。蛤蜊除了可以食用，也可以入药，壳还能用来制造水泥。蛤蜊的贝壳上有各种各样好看的花纹，下次去海边时记得捡一些来观察哦。除了花纹，它们的大小也不一样呢。

● 葵花子

这就是我们平常吃的瓜子，它是向日葵的种子。向日葵又称“向阳花”，因开花时花序方向会随着太阳转动而得名。正因如此，向日葵有着“向往光明”的美好寓意，著名画家梵高就曾创作过表现生命与热情的名作——《向日葵》。向日葵原产于北美，如今世界各地都有栽培。一朵向日葵花能结上千个葵花子，葵花子营养丰富，可以炒熟了当零食吃，也可以用来榨油。下次吃瓜子之前把它们排列在一起看一看，壳上的纹路一样吗？

● 鹌鹑蛋

就是鹌鹑下的蛋。鹌鹑身上有斑纹，生性胆小，是一种体形较小的禽类，体长大约只有鸡的三分之一，下的蛋也比鸡蛋小得多。但是，鹌鹑蛋和鸡蛋一样非常有营养，也很好吃。仔细看看这些鹌鹑蛋，蛋的大小、形状都有细微差别，蛋壳表面布满了小斑点，这些小斑点的形状、分布也各不相同。

● 蚕茧

蚕有很多种，都会吐丝作茧。蚕在茧里变成蛹，之后变成蚕蛾，破茧而出。图中是一种特殊的蚕——“天蚕”的茧。天蚕又称“山蚕”，是一种十分珍稀的蚕类，生活在树林里，爱吃柞树叶，中国东北的一些地方就饲养这种蚕。它的茧呈现美丽的黄绿色，产出的蚕丝则是天然的翠绿色，比一般的蚕丝坚韧，在光线的照射下还会闪现出七彩光点，被称为“绿色软宝石”。看看这些天蚕茧，大小和颜色一样吗？

● 生姜

生姜是姜的块茎，爸爸妈妈做饭时经常用到。生姜的味道辛辣，吃下去后会加快血液循环，有全身发热的感觉。感冒时，喝上一碗姜汤就会感觉舒服很多。吃生冷或荤腥食物时，也可以吃上几片生姜，不但能祛除腥味，还能杀菌，防止食物中毒。生姜看上去都是浅黄色的，可是形状各异，好有趣啊！

● 樱桃

樱桃是樱桃树结出的果实，一般四五月份成熟，根据品种的不同，有黄色的，有浅红色的，也有深红色的。樱桃味道酸甜，而且营养丰富，维生素含量很高，大人、小孩都很喜欢吃。书里的樱桃大小和颜色都不同，不过商店在出售的时候，一般会把大小差不多的放在一起卖。

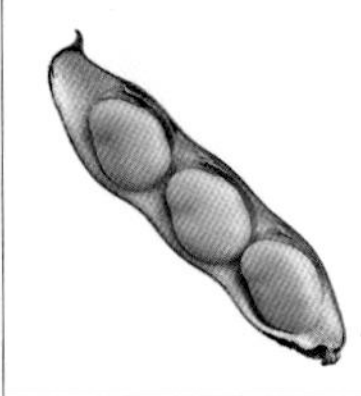

● 蚕豆

大家都吃过蚕豆吧？蚕豆长在豆荚里，看看书里的这些豆荚，有的长着四粒豆，有的只长了两粒豆；有的本该长三粒豆，却只长出了一粒。书上的都是嫩豆荚，豆荚肥厚多汁，颜色是绿色的，等到成熟后，豆荚就会变干，颜色也会变成黑色。蚕豆成熟后比较坚硬，颜色也跟嫩豆不一样，根据品种的不同，豆子有乳白色的，有黄色的，还有紫色的。蚕豆的营养非常丰富，除了可以做菜，还能加工成豆瓣酱、酱油和粉丝。

● 蜗牛

蜗牛是一种常见的动物，它虽然生活在陆地上，但跟生活在海里的海螺一样属于螺类。蜗牛的肚子上有扁平的“脚”，叫作“腹足”。腹足会分泌黏液，以降低行走时的摩擦，所以我们会在蜗牛爬过的地方看到银白色的痕迹。蜗牛喜欢生活在潮湿的地方，以植物叶片和嫩芽为食。仔细观察一下蜗牛壳上的花纹，是一样的吗?

● 话梅

将熟透的梅子摘下来洗干净，放进大缸里用盐水浸泡一段时间，取出来晒干，之后用清水漂洗、晒干，然后再用糖腌制，再晒干，就成了话梅。话梅的制作工艺和腌制时添加的调味料不尽相同，有的梅子需要反复腌制和晒干，所以风味也会有所不同。腌制之前，大家看上去都是差不多的梅子果实，制成梅干后，乍一看还是差不多，可是再仔细看看，表面的褶皱和白霜都有细微的差别。

● 锹形虫

也被称为“大夹子虫”，多以树汁为食。锹形虫看上去雄赳赳、气昂昂的，头上长着一对像角一样的上颚，上面还有分叉和锯齿。这对上颚是它们用来与敌人作战的重要武器。仔细看看，就会发现它们上颚的形状都不一样。

● 小鱼干

这是晒干后的沙丁鱼。沙丁鱼体形较小，喜欢生活在温暖的海水中，一般只在近海活动。它们生性胆小，受到惊吓时常常会挤在一起不动。沙丁鱼通常被做成罐头、熏鱼、鱼油等食品，晒干后还可以制成小鱼干。活着的鱼儿各具形态，晒干后形状也各不相同。

● 松茸

松茸是一种非常珍稀的食用菌，生长在海拔 3500 米以上的高山林地，至今无法人工栽培。它有浓郁的特殊香气，在欧洲、日本等地自古就被视为山珍，日本人称它为“菌中之王”。中国的四川、云南、吉林等地也出产松茸。不管是从哪里采来的松茸，乍一看都差不多，但你一定找不出形状、大小完全一样的。

● 枫叶

春天刚长出来的枫叶都是绿色的，可到了秋天，就会变成鲜艳的红色。这是因为枫叶中除了叶绿素、胡萝卜素等色素之外，还含有一种叫作“花青素”的特殊色素，它在酸性液体中会呈现红色。春夏两季，叶绿素的量较多，绿色遮盖住了所有的颜色；而秋天气温降低，叶绿素逐渐分解，花青素在枫叶的酸性细胞液中变成了红色，枫叶也就红了。看，每片枫叶的颜色和形状都不太一样哦。

● 蓑衣虫

蓑衣虫是蓑蛾的幼虫，主要以树叶为食。它会吐出丝，把树枝、叶子、土粒等黏合起来，做成温暖的小囊。行动时会伸出头，背着囊移动。因为蓑衣虫经常躲在小囊里，所以有人形象地把它称为“避债虫”。蓑衣虫的小囊看上去长得差不多，但实际上每一个都不太一样。

为什么“世界上找不出两片相同的树叶”？

看完这本书，大家一定会惊叹：哇！原来看上去差不多的东西，各不相同！其实，只要我们睁大眼睛仔细观察，一定会发现更多神奇的事情：拾起两片树叶，看看它们是完全相同的吗？伸出手来和别人比一比，手心的纹路一样吗？

几百年前，德国一位名叫莱布尼茨的科学家就曾提出：“世界上没有两片完全相同的树叶。”为什么会这样呢？这是因为，叶子的外形、豆粒的大小、手上的纹路，甚至头发的粗细、睫毛的长短，都是由一种叫作“基因”的东西决定的。基因携带着生命的信息，由叫作“脱氧核苷酸”的物质组成。脱氧核苷酸的排列顺序变化无穷，所以基因上携带的信息也就千差万别。比如有的豌豆皮是皱巴巴的，那是因为这颗豌豆有信息为“皱皮”的基因；有的人睫毛长长的，那是因为他身上有信息为“长睫毛”的基因。

那么，为什么同一棵树上树叶的样子也千差万别呢？它们携带的基因不是一样的吗？这是因为生物的具体形态并不仅仅是由基因决定的，还受到具体环境的种种影响。比如在同一棵树上，每片叶子受到的光照、吸收到的营养都不一样，长成的样子当然不会完全相同；同一只鹌鹑生蛋，由于当时的身体状况、环境的温度和湿度等不一样，蛋壳的硬度和蛋的大小也会有所变化。正是在基因与环境的共同作用下，神秘的大自然才如此多姿多彩。

图书在版编目（CIP）数据

大家都一样可是大家各不同 /（日）奥井一满著；（日）得能通弘摄影；（日）小西启介设计；丁虹译. —南京：江苏凤凰少年儿童出版社，2022.7
（我身边的大自然）
ISBN 978-7-5584-2611-7

Ⅰ. ①大… Ⅱ. ①奥… ②得… ③小… ④丁… Ⅲ. ①自然科学－儿童读物 Ⅳ. ①N49

中国版本图书馆 CIP 数据核字（2022）第 008374 号

著作权合同登记号　图字：10－2021－533

MINNA ONAJI DEMO MINNA CHIGAU (Same but Different)
Text © Kazumitsu Okui 2002
Photographs © Michihiro Tokuno 2002
AD © Keisuke Konishi 2002
Originally published by FUKUINKAN SHOTEN PUBLISHERS, INC.,Tokyo, 2002
Simplified Chinese translation rights arranged with FUKUINKAN SHOTEN PUBLISHERS, INC.,TOKYO, through DAIKOUSHA INC., KAWAGOE.

我身边的大自然
大家都一样可是大家各不同
DAJIA DOU YIYANG KESHI DAJIA GEBUTONG

著　　者　[日]奥井一满　　摄　　影　[日]得能通弘
设　　计　[日]小西启介　　译　　者　丁　虹
责任编辑　瞿清源　代　照
助理编辑　朱其娣
特约编辑　屈佳颖　黄　锐
美术编辑　徐　蕊　　内文制作　田小波
责任校对　秦显伟　　责任印制　万　坤
出版发行　江苏凤凰少年儿童出版社
地　　址　南京市湖南路 1 号 A 楼，邮编：210009
印　　刷　北京奇良海德印刷股份有限公司
开　　本　940 毫米 ×1092 毫米　1/16
印　　张　2
版　　次　2022 年 7 月第 1 版
印　　次　2022 年 7 月第 1 次印刷
书　　号　ISBN 978-7-5584-2611-7
定　　价　208.00 元（全 8 册）

（如有印装质量问题，请发邮件至 zhiliang@readinglife.com）

我身边的大自然 ⑦

我是小小西瓜虫

[日] 得田之久 著　[日] 高桥清 绘　李奕 译

江苏凤凰少年儿童出版社

嗨！你好。

你知道我是什么吗？

小球？

不对，不对。

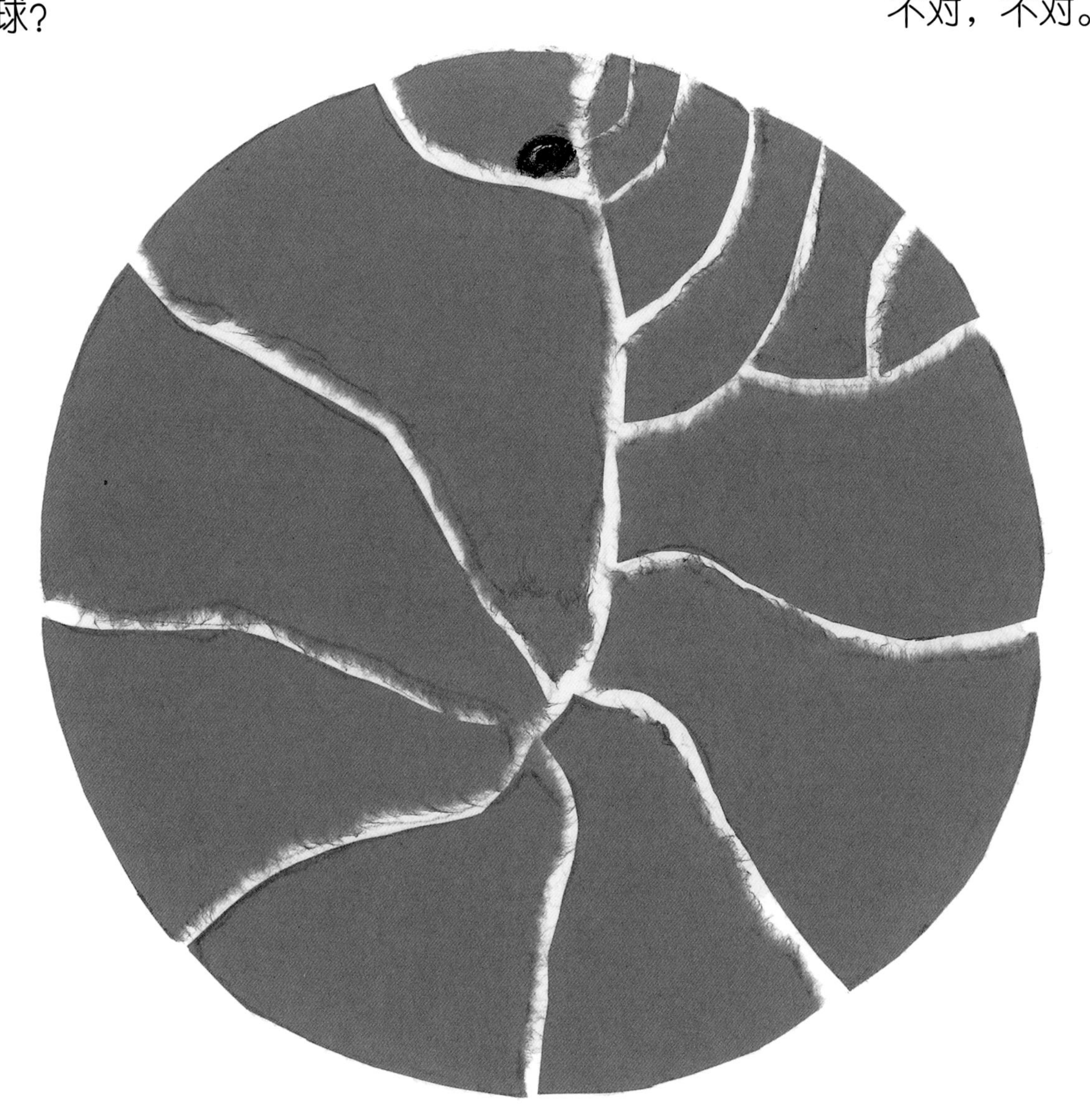

我是西瓜虫。

瞧，实际上，

我只有这么一丁点儿大。

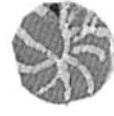

现在，我和伙伴们一起生活在一个院子里。

我们就住在花盆底下。

比起草丛和树林，

我们更适合在城镇里生活。

你问为什么？

等你了解我们之后，就会明白啦。

我们通常在夜里出去寻找食物，

枯萎的植物、死虫子，

还有人们丢弃的剩饭，都是我们的食物。

我们还吃宠物食品、报纸和纸箱。

因为我们什么都吃，所以也被称作

“大自然的清洁工”。

我们的食欲特别旺盛。

这么大的一片树叶，“咔哧咔哧”几下就吃光了。

而且我们一吃完东西就会排便，

便便是方方的小颗粒。

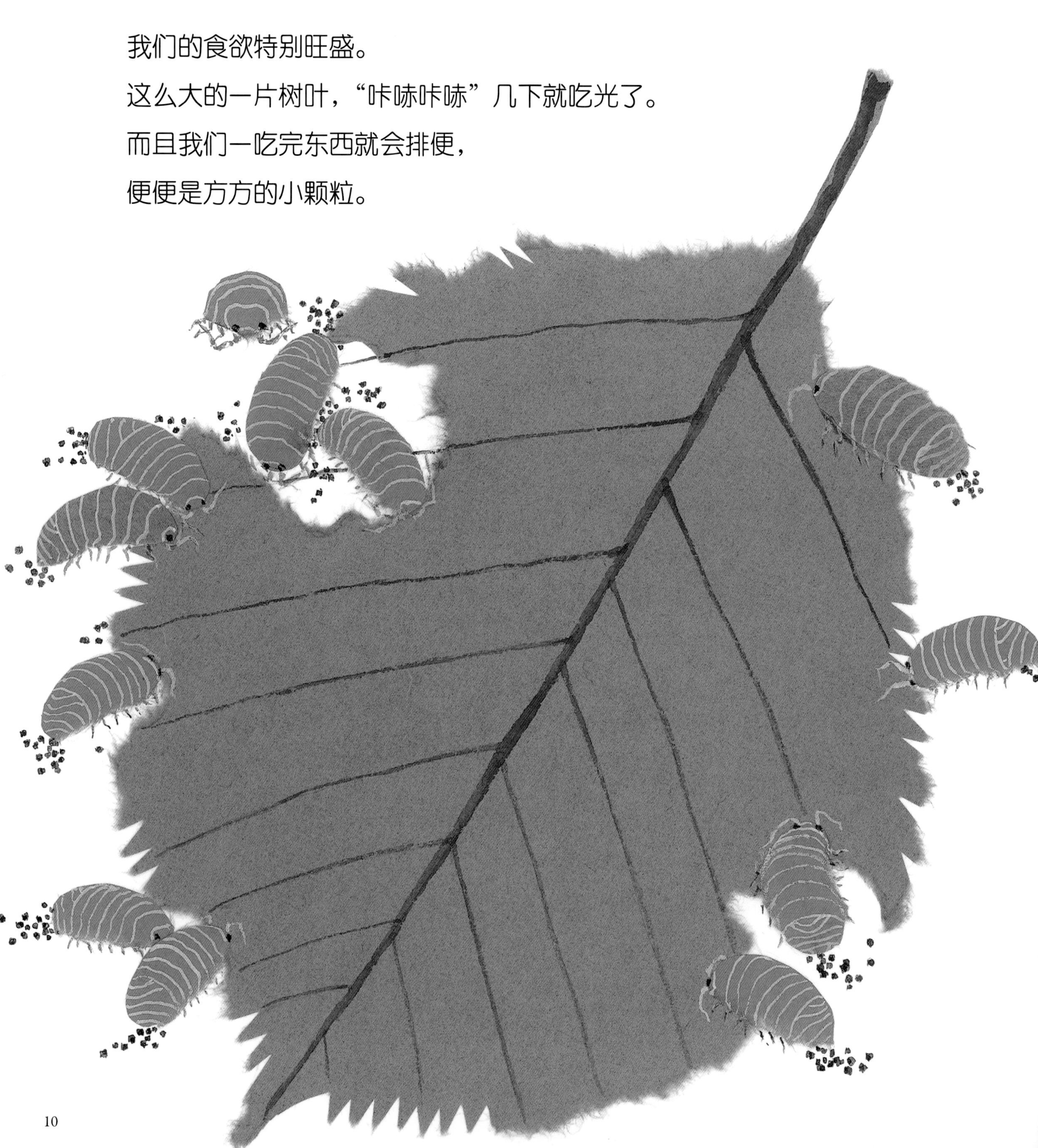

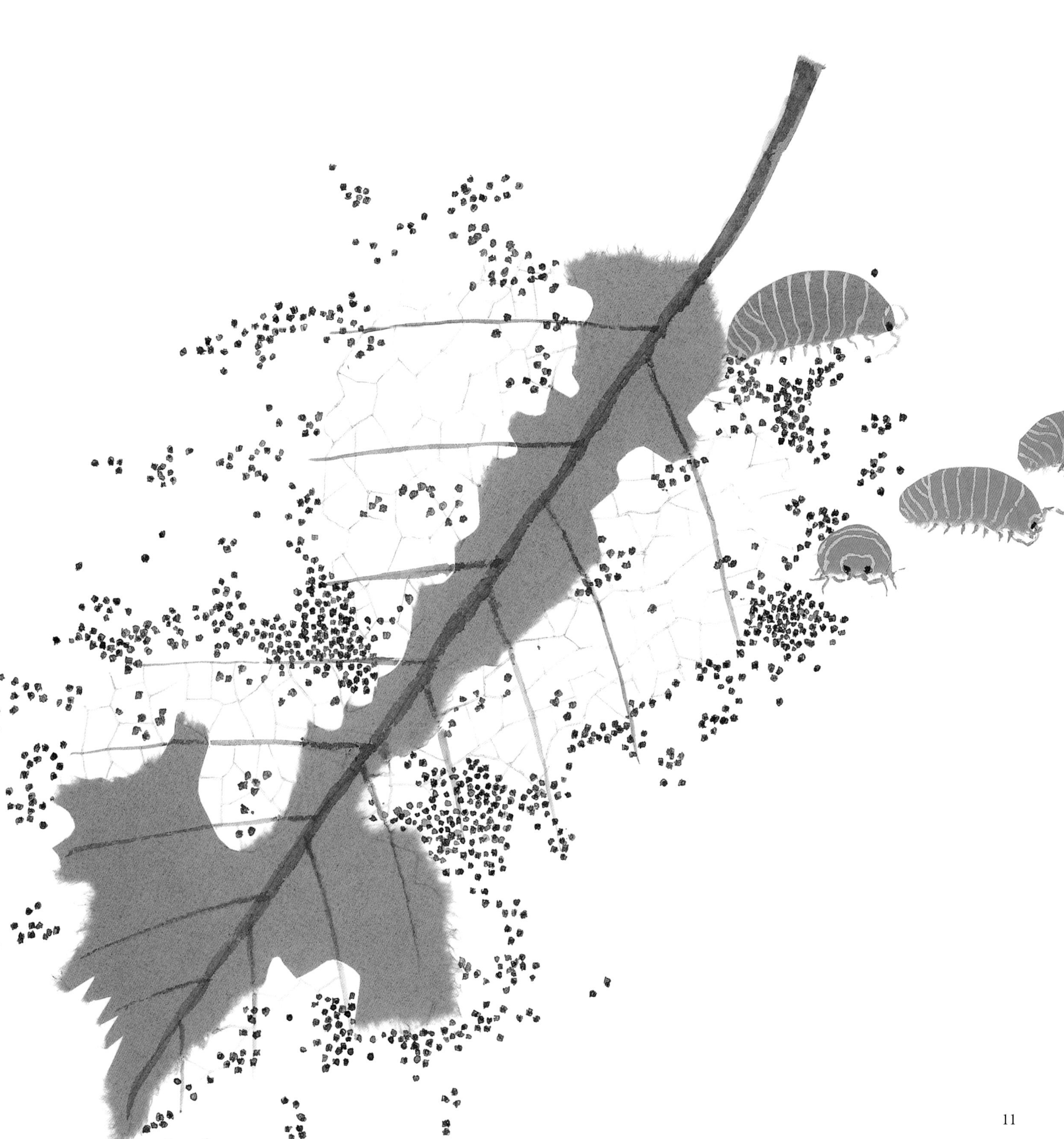

对啦，还有一些我们喜欢吃的食物，你听了肯定觉得不可思议。

你能猜到是什么吗？

告诉你吧：是水泥和石头。

我们要时不时地啃些水泥或石头，这样身体才能正常生长。

所以，比起草丛和树林，我们更愿意在人类居住的地方生活。

在我们周围，住着一些很可怕的生物。

今天，我在去花坛的路上就迎面撞上了蚂蚁。

蚂蚁虽然个头小，但对我们来说却是致命的天敌。

不过，我们有保护自己的拿手绝活。

一、二、三！

瞧！像这样团成一个球，我的硬壳就能保护我了。

看，最后蚂蚁还是灰溜溜地走开了吧？

但是，要是碰上青蛙、蜥蜴和小鸟，这个绝招就不管用了。
因为无论我们再怎么缩成一团，都会被他们一口吞进肚子里。
所以，只能想尽办法躲开这些可怕的天敌。

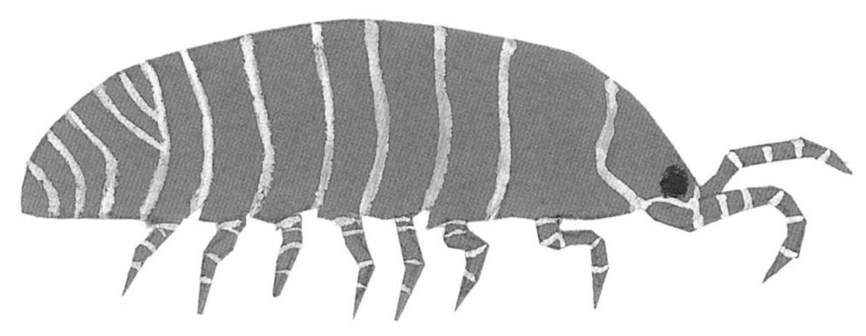

西瓜虫

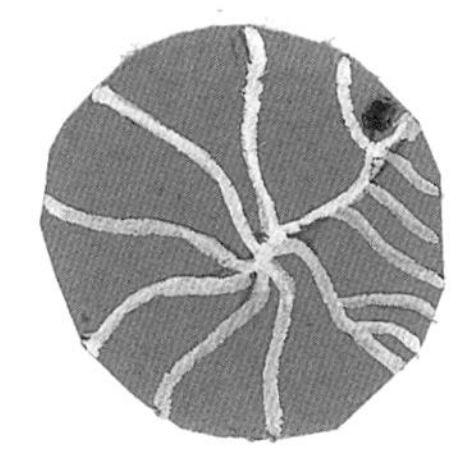

当然，我的周围还有一些其他的生物，

比如长鼠妇。

长鼠妇和我长得很像，但它不会把身体团成圆球。

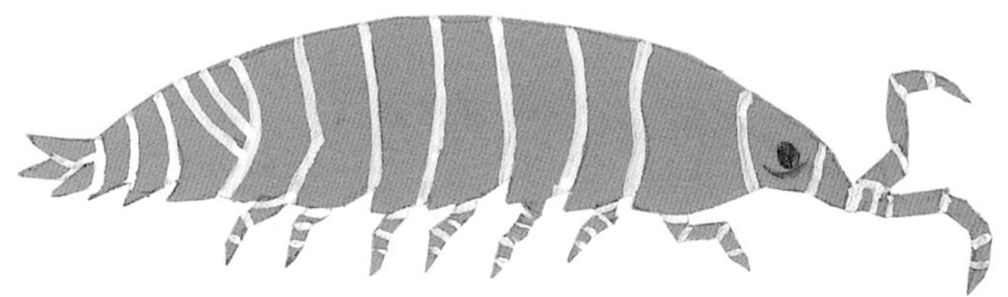

长鼠妇

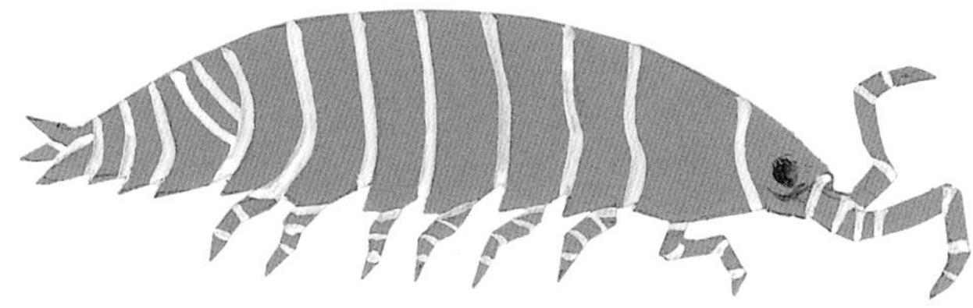

在长大的过程中，我们会多次蜕皮。

蜕皮，就好比在外衣变紧时把它脱掉。

我们蜕皮的方法有些特别。

第一天先蜕掉后半边身体的皮。

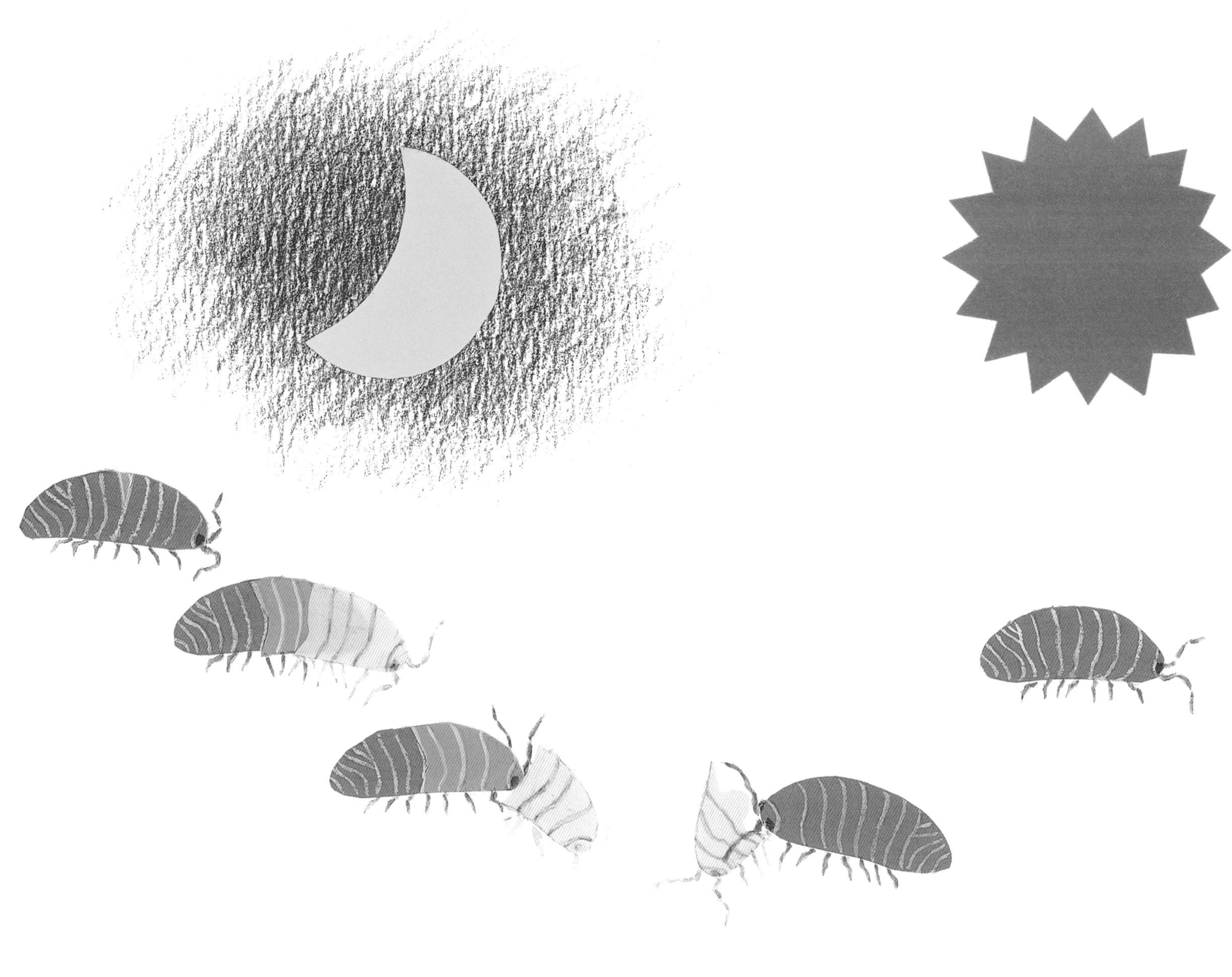

第二天，蜕掉前半边身体的皮。

我们还会把蜕下来的皮吃掉，

因为它很有营养。

长大以后，我们就会交配、产卵。
卵都藏在虫妈妈腹部下方薄薄的膜里，
由她精心孕育。

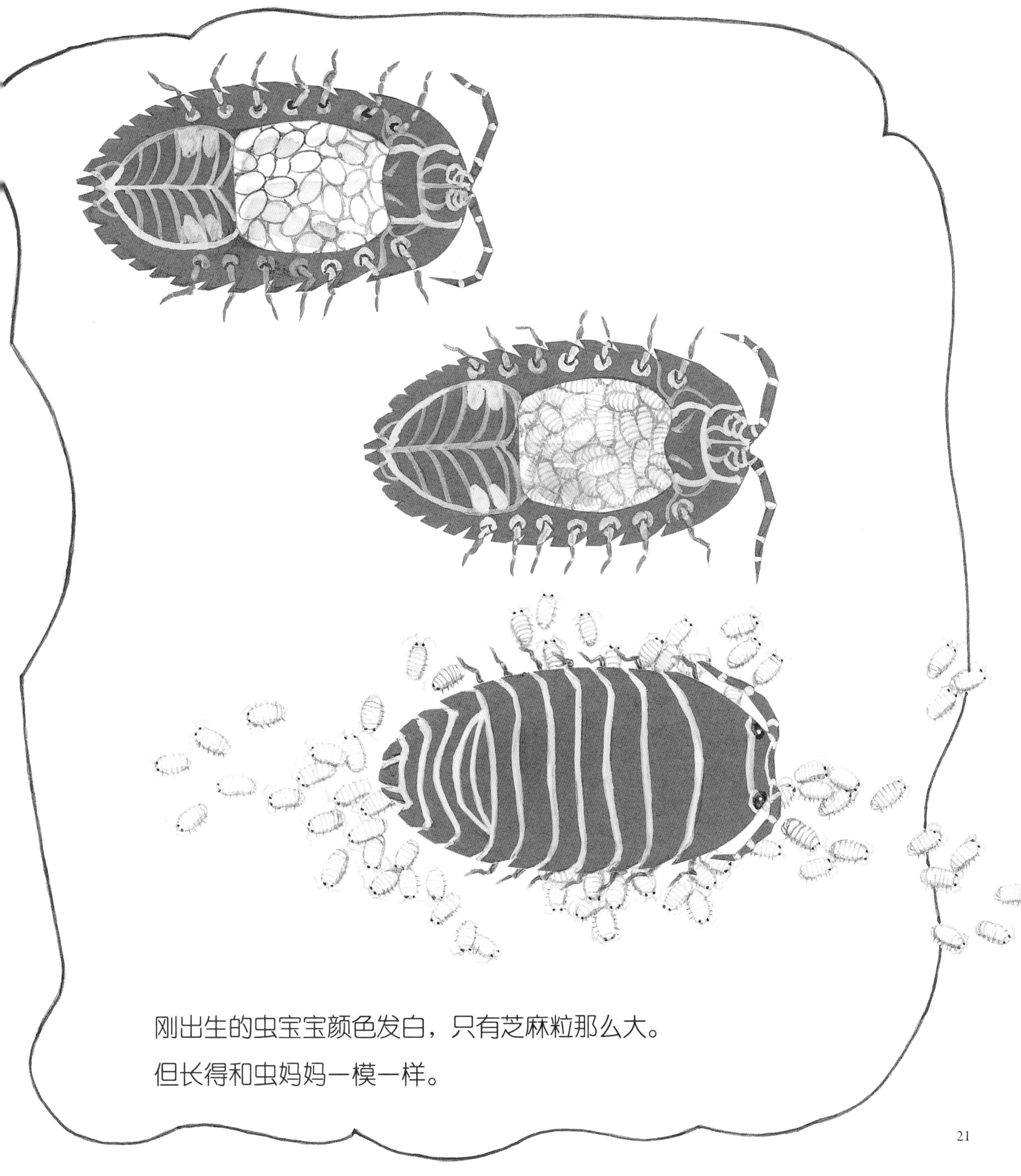

刚出生的虫宝宝颜色发白，只有芝麻粒那么大。

但长得和虫妈妈一模一样。

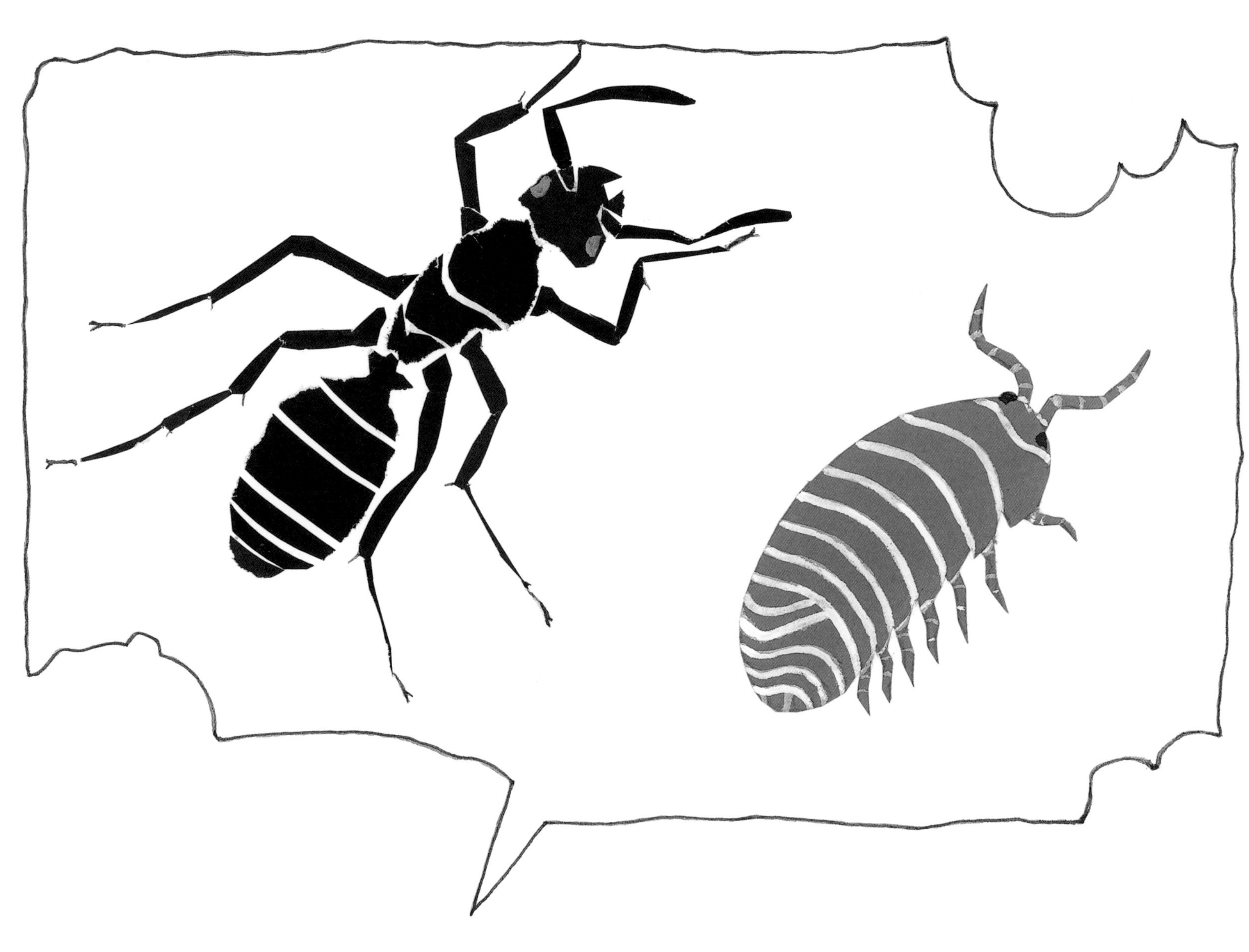

对了，很多人都以为我们是昆虫吧？
其实不是的。不信，来看看我的脚。
昆虫通常有六只脚，而我有这么多只脚。

实际上，我们不是昆虫，而是螃蟹和虾的近亲。

可能正是因为这样，

万一我们不小心掉到水里，短时间内也不会有危险。

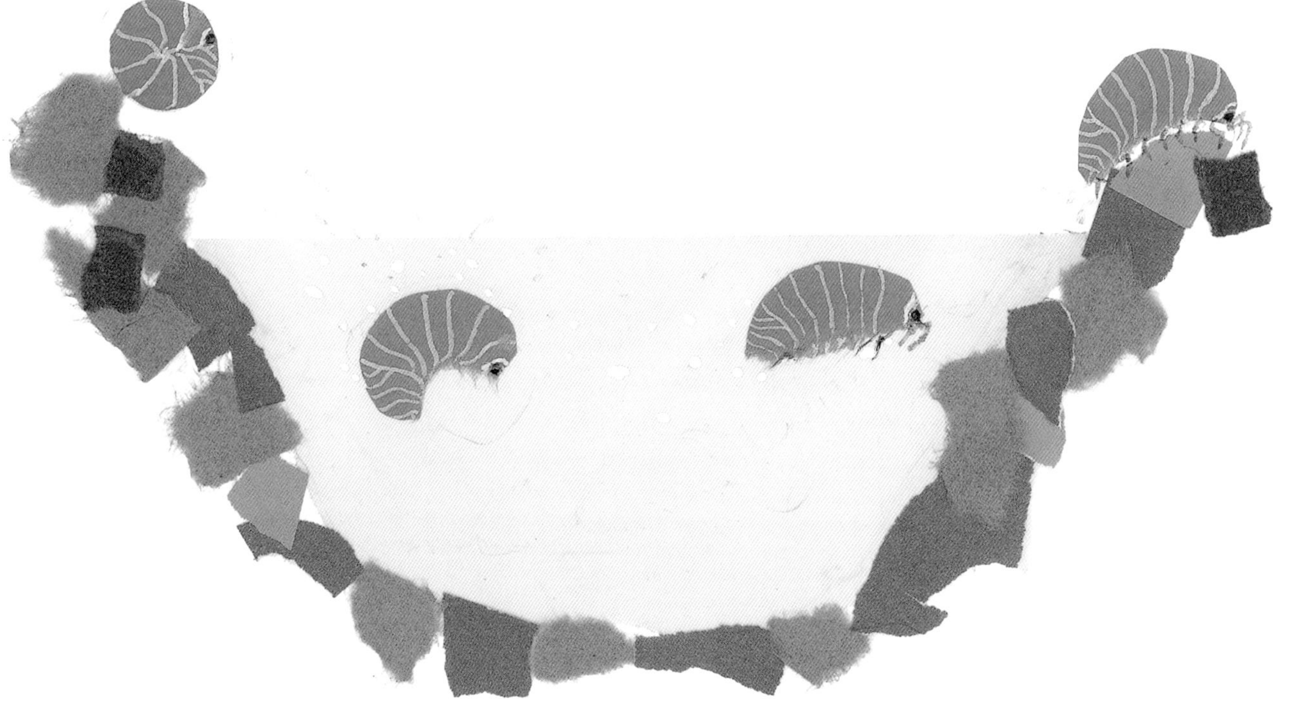

在暖和的季节里，我们很活跃，
但到了寒冷的冬天，我们就受不了了。
所以，秋天快要结束时，
我们会钻到地下，和伙伴们一起冬眠，
等待温暖的春天再次到来。

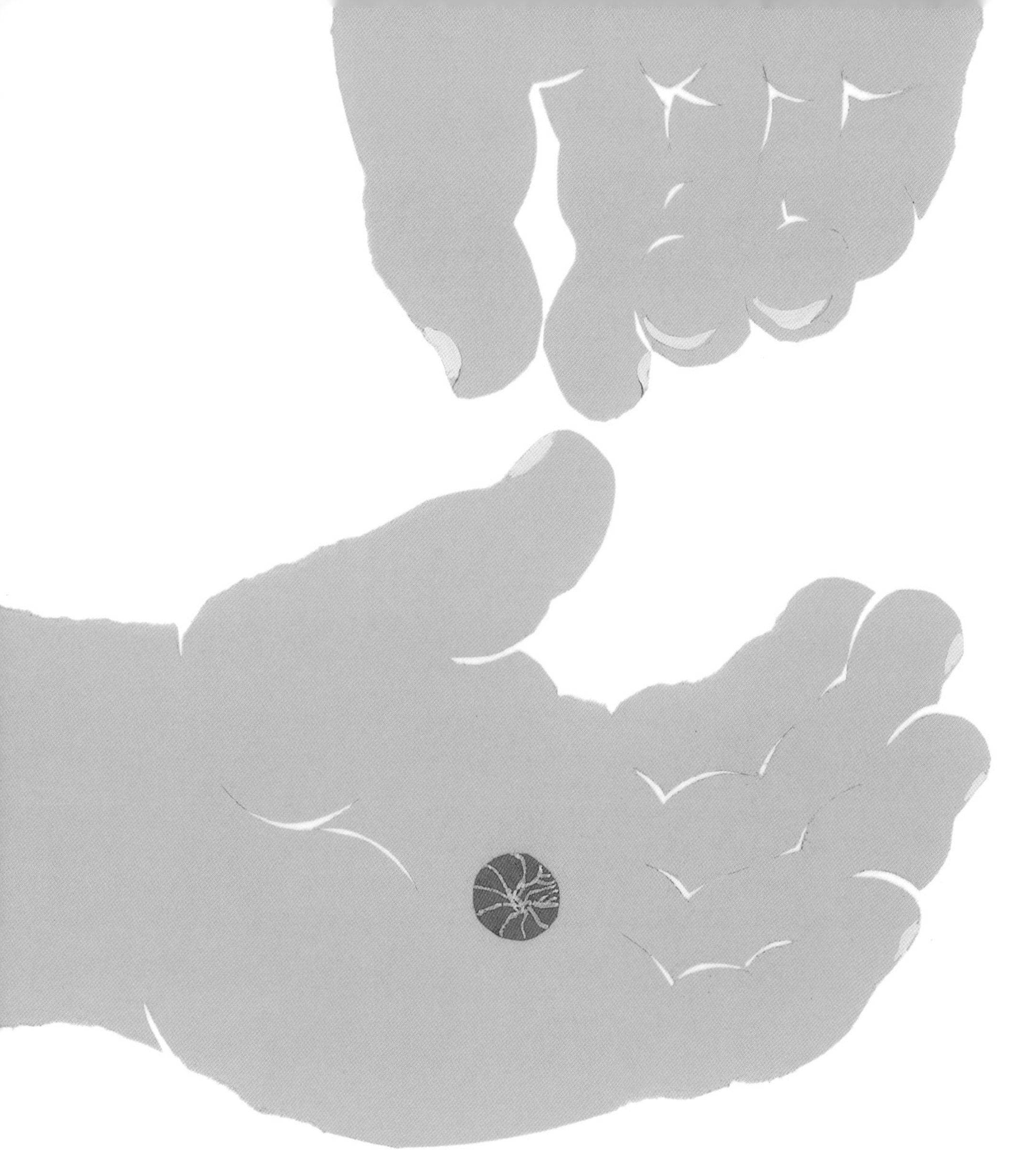

怎么样？现在你是不是很了解我们了？
如果想知道得更多，就来找我们吧。
我们生活在小区和公园的花坛里，
托儿所和幼儿园的院子里也会有我们的身影。
发现我们之后，你可以用手摸一摸。
不过记得要轻轻地哟。

如果你想饲养我们，

就去找个塑料盒子当我们的家，在里面装上土，上面再盖些枯树叶。

对了，别忘了放进一小块石头或水泥。

偶尔用喷壶给我们喷一些水，别让盒子里太干燥了。

饲养方法很简单，你可以试一试。

如果真的因此喜欢上我们，那就太好啦。

不过，秋天快要结束的时候，
希望你能轻轻地把我放回发现我的地方，
因为我还是希望和同伴们一起过冬天。

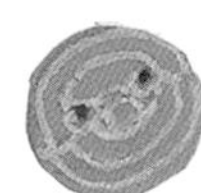

那就再见啦！

你知道吗？

看完这本书，大家是不是也想自己亲手养只西瓜虫？其实，“西瓜虫”只是它的俗名，它还有好多好多名字——团子虫、潮虫、地虱婆……不过它只有一个学名，叫作“光滑鼠妇”，属于甲壳动物中的鼠妇科。虾和螃蟹也属于甲壳动物，跟西瓜虫是近亲哦。书中说的“长鼠妇”，又叫“粗糙鼠妇”，也属于鼠妇科，跟西瓜虫是近得不能再近的亲戚。它俩只有一点区别：西瓜虫的背部比较光滑，遇到危险就会缩成一团一动不动；长鼠妇背部粗糙，遇险时不会缩成一团，而是会很快爬走。另外，长鼠妇对光比西瓜虫更敏感，一见光就会马上溜走。

西瓜虫是甲壳动物中唯一完全适应陆地生活的动物。它们怕光、怕冷，用鳃呼吸，而鳃只能在湿润的环境中工作，所以，它们喜欢在陆上阴暗、温暖而潮湿的地方生活。西瓜虫适应环境的能力很强，花盆下、庭院角落里、充满潮气的树根下，甚至海拔5000米左右的高地上，都能发现它们的身影。它们爱晚上出来活动，寻找食物：苔藓、树皮、水泥、石头、剩饭剩菜，什么都吃，难怪有人把它们叫作“大自然的清洁工”。西瓜虫还很爱啃叶子，经常聚在一起把西红柿、油菜、黄瓜等蔬菜的叶子啃得只剩叶脉和叶柄，所以农民伯伯们看到它们很头疼。这么一说，西瓜虫也算是农业害虫呢。

西瓜虫为什么要蜕皮呢？其实，许多甲壳动物，如蟹、虾等都会蜕皮，这是为了让小动物们更好地长大。西瓜虫等动物的硬壳不会随着身体的生长而长大，所以在生长过程中，它们要像脱掉旧衣服一样蜕掉坚硬的外壳，换上一个新壳。新壳最开始是软软的，后来会越变越硬，颜色也会随着色素的沉淀而越来越深。所以，每次蜕皮以后，西瓜虫们就又长大了一点哦。

图书在版编目（CIP）数据

我是小小西瓜虫 /（日）得田之久著 ;（日）高桥清绘 ; 李奕译 . -- 南京 : 江苏凤凰少年儿童出版社，2022.7
（我身边的大自然）
ISBN 978-7-5584-2611-7

Ⅰ．①我… Ⅱ．①得… ②高… ③李… Ⅲ．①节肢动物－儿童读物 Ⅳ．① Q959.22-49

中国版本图书馆 CIP 数据核字（2022）第 008373 号

著作权合同登记号　图字：10—2021—533

我身边的大自然
我是小小西瓜虫
WO SHI XIAOXIAO XIGUACHONG

著　　者　[日]得田之久
绘　　者　[日]高桥清
译　　者　李　奕
责任编辑　瞿清源　代　照
助理编辑　朱其娣
特约编辑　屈佳颖　黄　锐
美术编辑　徐　蕊
内文制作　田小波
责任校对　秦显伟
责任印制　万　坤
出版发行　江苏凤凰少年儿童出版社
地　　址　南京市湖南路 1 号 A 楼，邮编：210009
印　　刷　北京奇良海德印刷股份有限公司
开　　本　940 毫米 ×1092 毫米　1/16
印　　张　2
版　　次　2022 年 7 月第 1 版
印　　次　2022 年 7 月第 1 次印刷
书　　号　ISBN　978-7-5584-2611-7
定　　价　208.00 元（全 8 册）

（如有印装质量问题，请发邮件至 zhiliang@readinglife.com）

我身边的大自然 8

蒲公英

[日] 平山和子 著　田秀娟 译

江苏凤凰少年儿童出版社

你认识蒲公英吗?

在哪儿见过它们呢？

在这样的地方，也能看到盛开的蒲公英。
它们是怎么长出来的呀？

蒲公英的花不都是黄色的，
也有白色的。

冬天里，蒲公英把叶子垂下来，
紧紧地贴在地面上。
这样，可以防止叶子受到寒风的侵袭。

天气变暖时，蒲公英会长出新叶子，重新立起来。

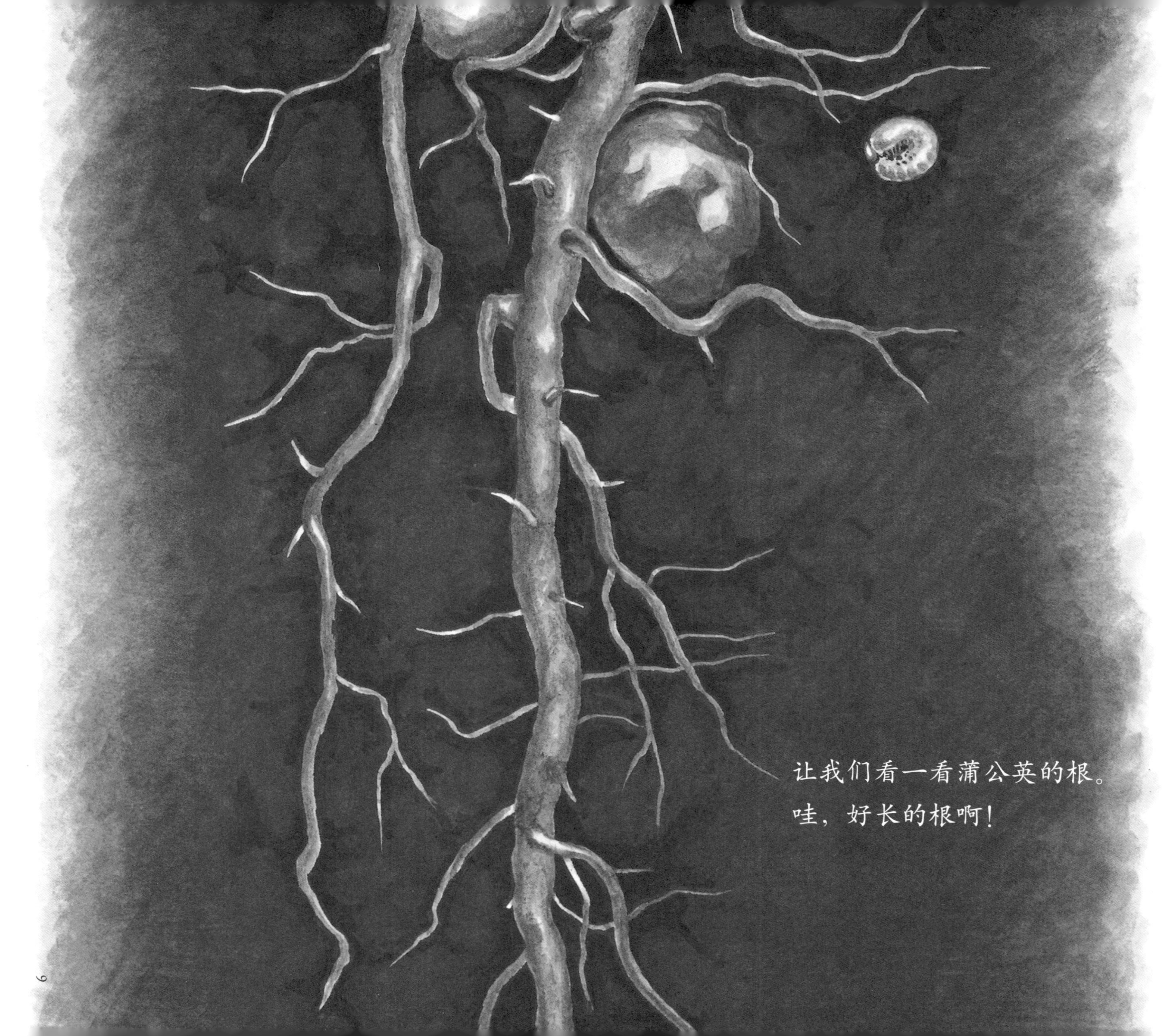

让我们看一看蒲公英的根。

哇，好长的根啊！

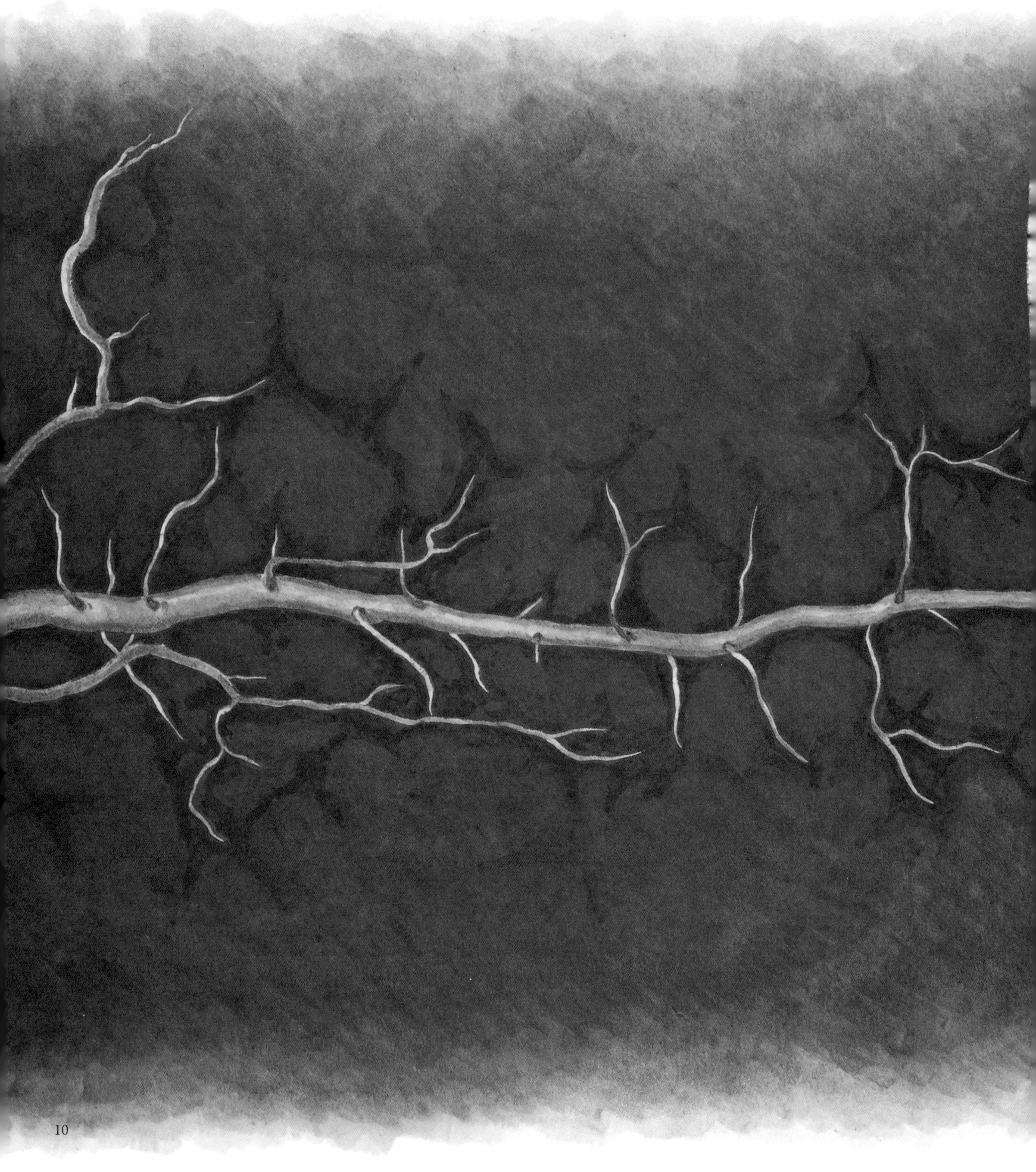

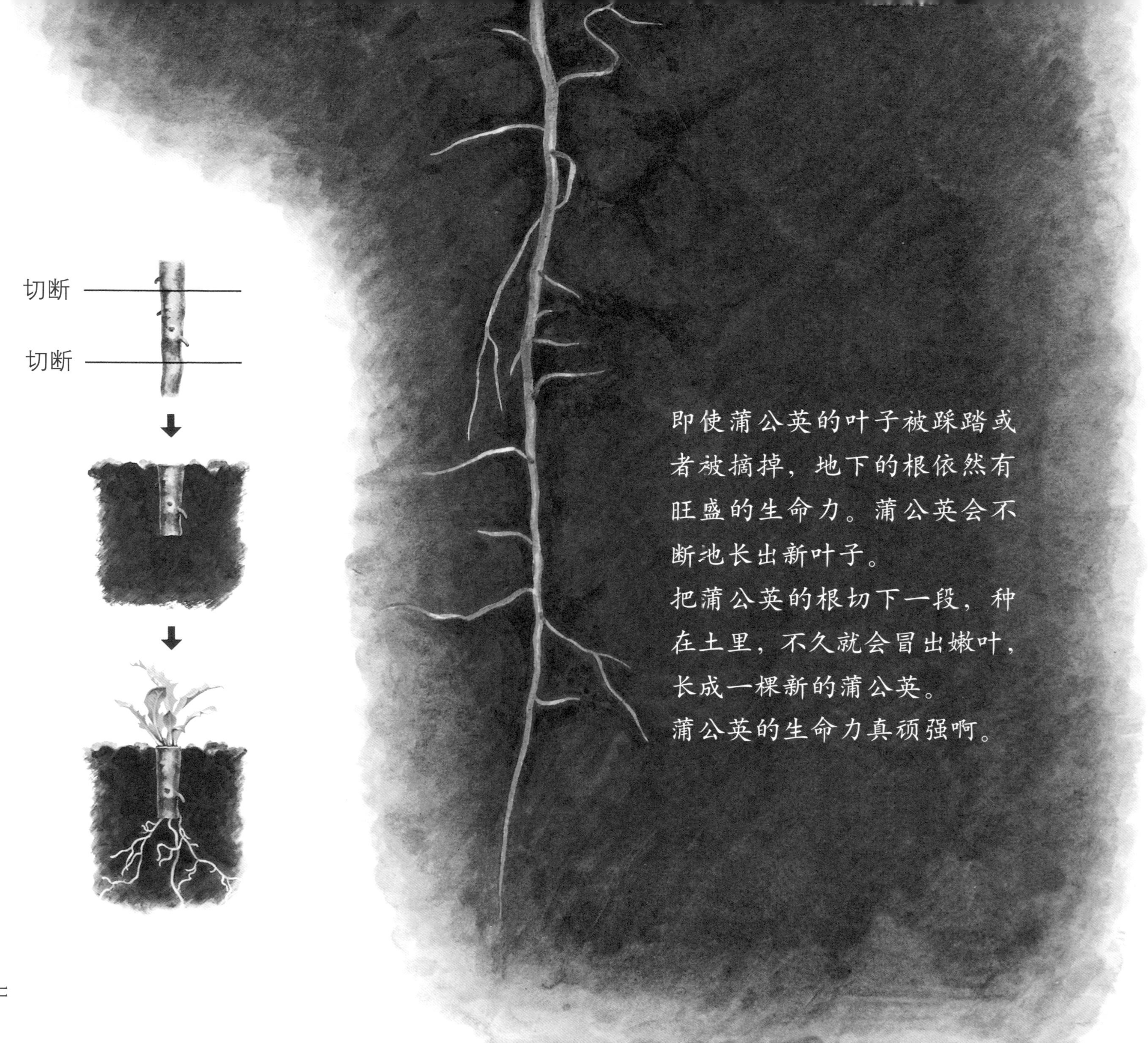

即使蒲公英的叶子被踩踏或者被摘掉，地下的根依然有旺盛的生命力。蒲公英会不断池长出新叶子。

把蒲公英的根切下一段，种在土里，不久就会冒出嫩叶，长成一棵新的蒲公英。

蒲公英的生命力真顽强啊。

春天来了，
在蔚蓝的晴空下，
蒲公英的花蕾慢慢地绽放，
开出了一朵美丽的花。
随着夕阳西下，夜幕降临，
蒲公英的花朵会合起来。
整整一夜，蒲公英的花都紧闭着。

第二天重新开放的花

第二天，当阳光再次洒向大地时，
蒲公英的花又重新开放了，
开得比昨天还大、还美。
傍晚又一次来临，
蒲公英的花又合上了。

让我们来看看阴天和雨天里的蒲公英吧。

看，蒲公英的花几乎都合上了。

仔细看一下蒲公英的花，会发现每朵花都是由很多很多“小花”组成的。

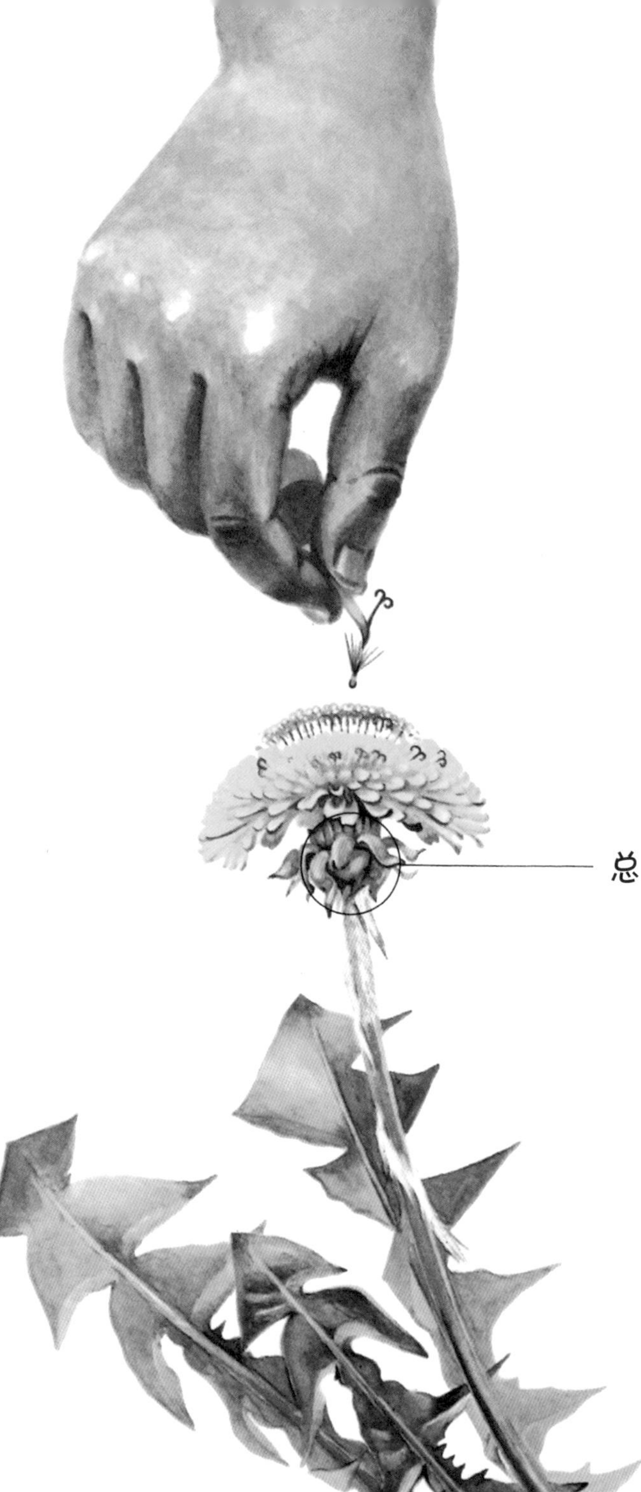

*苞片：位于叶和花之间的数片叶状物，有保护花芽或果实的作用。

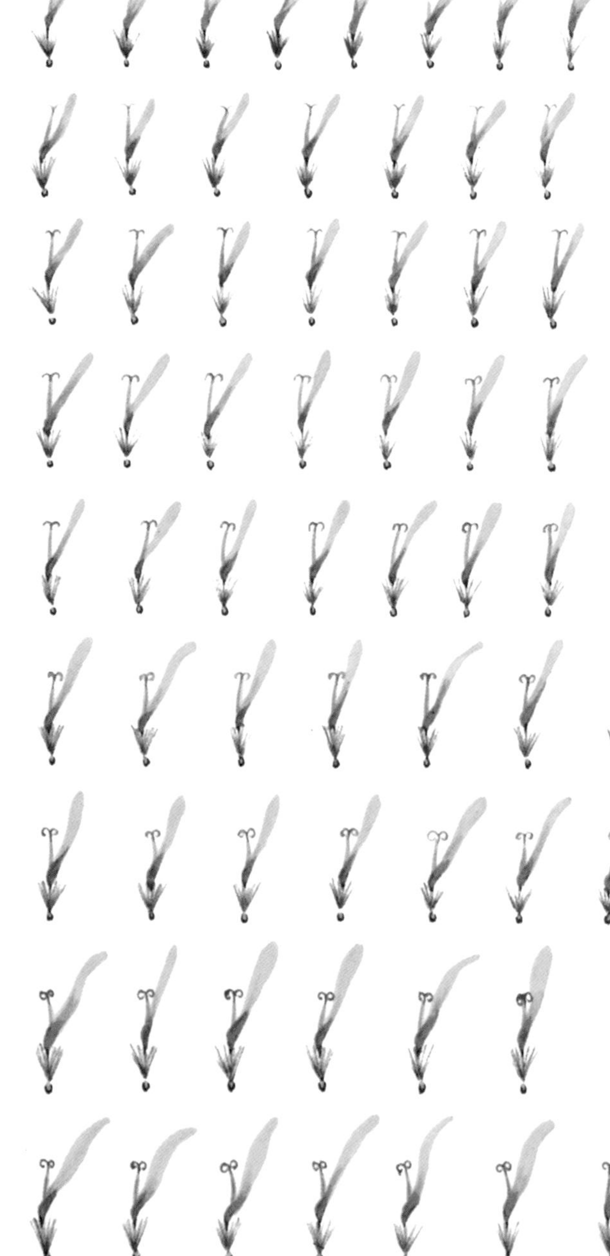

数数这朵花吧，
原来组成它的“小花”一共有 240 朵呢。
蒲公英的品种很多，
也有一些蒲公英是由 60 朵或 150 朵“小花”组成的。
每一朵“小花”都带有一粒种子。

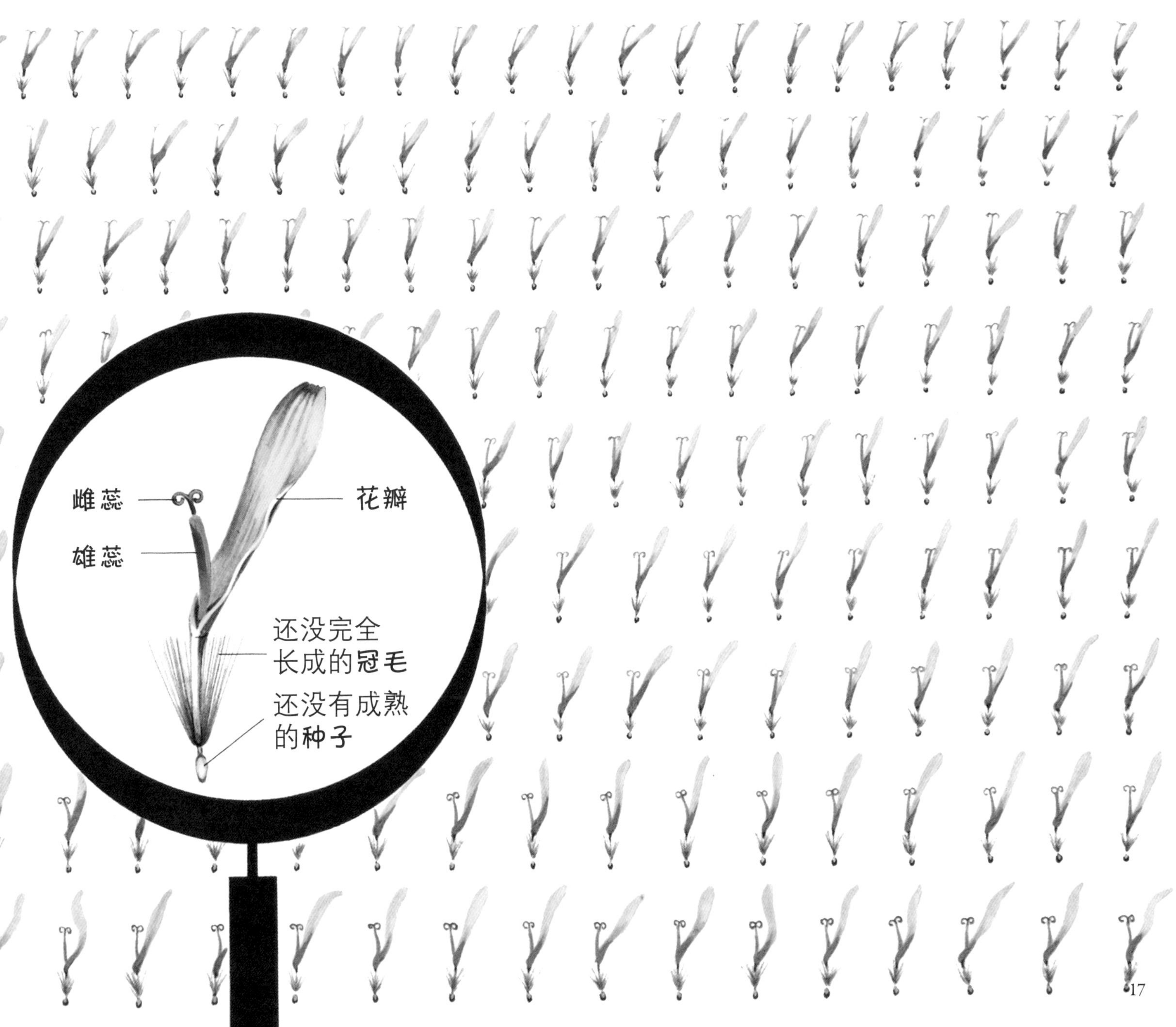

花谢之后，种子还会继续生长。

在种子成熟以前，蒲公英的茎低低地垂向地面。

总苞片紧紧地闭着，保护着种子。

种子被总苞片包裹着，渐渐成熟。

种子成熟以后，
蒲公英的茎又立了起来，
直直地伸向天空。

在一个晴朗的日子里，蒲公英的冠毛张开了。
张开的冠毛高高挺立，
被风吹散在空中。

冠毛带着种子，离开了蒲公英妈妈，
随风飘散到远方。飘啊，飘啊……

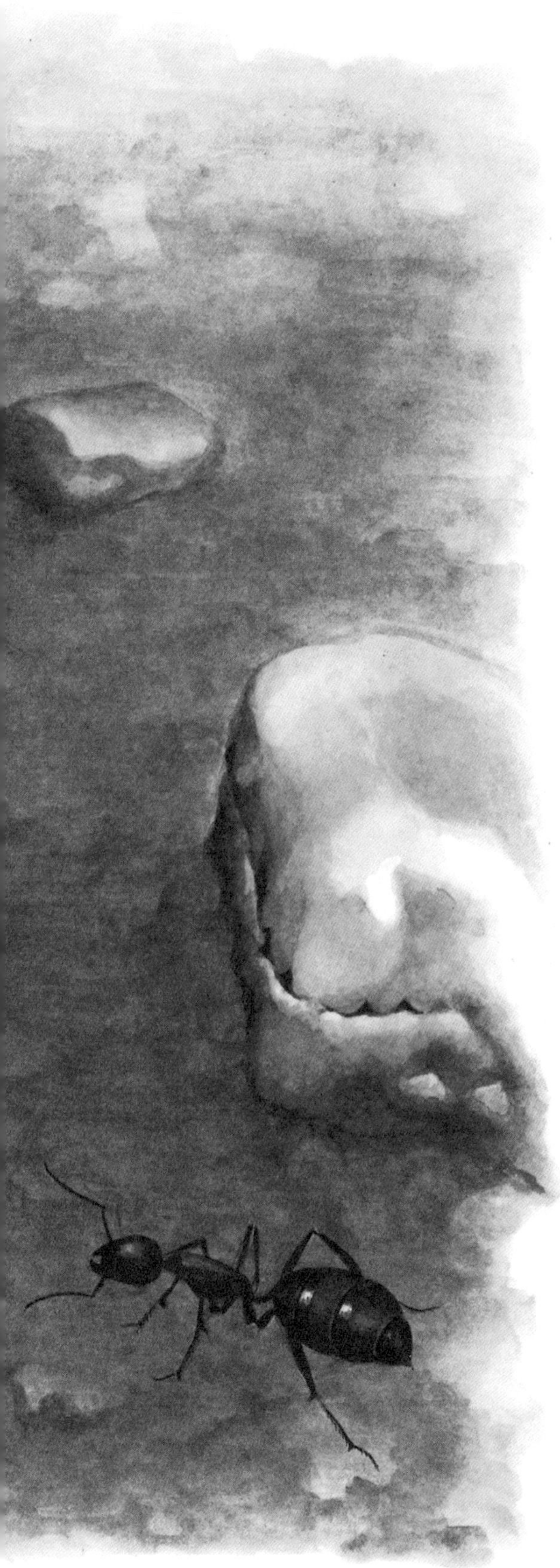

蒲公英的种子乘着风飞啊、飞啊，
最后落到了泥土里，
不久后生出了根。

这里将长出一棵新的蒲公英。

就这样，蒲公英在各个角落里
生根、发芽。
你家附近有蒲公英吗?
快找找看吧。

你知道吗？

看了这本书，大家一定想走出门去，观察一下不起眼的蒲公英吧。其实，关于蒲公英，还有好多好玩的知识呢，一起来看看吧。

蒲公英又叫“婆婆丁”“黄花地丁”，是一种很常见的植物。它的生命力非常顽强，可以存活多年。除了沙漠、极地等气候极端的地方，从北半球到南半球，从森林、草原到荒地、山坡，到处都能看见它美丽的花朵。蒲公英不但能适应各种气温，还耐旱涝、耐酸碱、耐阴暗，所以，在旱地、湿地、酸性土壤、盐碱地和阳光不足的地方都能生长。在我国北方的早春时节，地面温度只有 1～2 摄氏度时，就可以看见蒲公英冒出的芽。气温升高时，它会长叶、开花。冬天到来时，它就像书中说的那样，把叶子紧紧地贴在地面上，抵御寒风的侵袭，就算是零下 40 摄氏度的低温也无所畏惧。不过，蒲公英最喜欢的还是灿烂的阳光、疏松肥沃的砂质土壤和温暖的天气。在条件适宜的地方扎下根后，它会在春秋两季开花，之后长出带有冠毛的种子，借助风的力量把“孩子们”送到四面八方。种子落进土里后，当年就能长出几片叶子，等寒冷的冬天过去，小叶子就会越长越大，接着开花结果，把新的种子送到很远很远的地方。

蒲公英虽不起眼，用处却很大。它的嫩叶味道微苦，含有蒲公英醇、菊糖、胡萝卜素等多种营养物质和钙、硒等矿物质，可以用来熬粥、做饺子馅，还能做成凉拌菜。除了食用，蒲公英还是一种药材，有清热解毒、消肿散结的功效。

图书在版编目（CIP）数据

蒲公英 /（日）平山和子著 ; 田秀娟译. -- 南京 : 江苏凤凰少年儿童出版社, 2022.7

（我身边的大自然）

ISBN 978-7-5584-2611-7

Ⅰ. ①蒲… Ⅱ. ①平… ②田… Ⅲ. ①蒲公英－儿童读物 Ⅳ. ①Q949.72-49

中国版本图书馆CIP数据核字(2022)第008354号

著作权合同登记号　图字：10—2021—533

我身边的大自然

蒲公英

PUGONGYING

著　　者　[日]平山和子
译　　者　田秀娟
责任编辑　瞿清源　代　照
助理编辑　朱其娣
特约编辑　屈佳颖　黄　锐
美术编辑　徐　蕊
内文制作　田小波
责任校对　秦显伟
责任印制　万　坤
出版发行　江苏凤凰少年儿童出版社
地　　址　南京市湖南路 1 号 A 楼，邮编：210009
印　　刷　北京奇良海德印刷股份有限公司
开　　本　940 毫米 ×1092 毫米　1/16
印　　张　1.75
版　　次　2022 年 7 月第 1 版
印　　次　2022 年 7 月第 1 次印刷
书　　号　ISBN 978-7-5584-2611-7
定　　价　208.00 元（全 8 册）

（如有印装质量问题，请发邮件至 zhiliang@readinglife.com）